软件测试基础教程

高尚兵　高　丽　主编

北京工业大学出版社

图书在版编目（CIP）数据

软件测试基础教程 / 高尚兵， 高丽主编. — 北京 : 北京工业大学出版社， 2022.9
ISBN 978-7-5639-8487-9

Ⅰ. ①软… Ⅱ. ①高… ②高… Ⅲ. ①软件－测试－教材 Ⅳ. ① TP311.55

中国版本图书馆 CIP 数据核字（2022）第 180489 号

软件测试基础教程

RUANJIAN CESHI JICHU JIAOCHENG

主　　编： 高尚兵　高　丽
责任编辑： 吴秋明
封面设计： 知更壹点
出版发行： 北京工业大学出版社
（北京市朝阳区平乐园 100 号　邮编：100124）
010-67391722（传真）　bgdcbs@sina.com
经销单位： 全国各地新华书店
承印单位： 三河市腾飞印务有限公司
开　　本： 710 毫米 ×1000 毫米　1/16
印　　张： 12.5
字　　数： 225 千字
版　　次： 2023 年 4 月第 1 版
印　　次： 2023 年 4 月第 1 次印刷
标准书号： ISBN 978-7-5639-8487-9
定　　价： 72.00 元

作者简介

高尚兵，男，毕业于南京理工大学控制科学与工程专业，博士研究生。现为淮阴工学院，教授，副校长，研究方向为图像处理，承担国家级、省部级科研、教研课题 21 项，出版专著 1 部，主编教材 1 部，授权发明专利 24 项，发表论文 200 多篇，SCI、EI 收录论文 120 余篇。

高丽，女，毕业于西安建筑科技大学防灾减灾工程及防护工程专业，博士研究生。现为淮阴工学院讲师，研究方向为人工智能，主持教育部产学合作协同育人项目、横向课题，参与国家自然基金项目、江苏省产学研项目、市级项目多项。

前　　言

一直以来，软件测试都是提升软件产品质量的重要保障性手段之一。在信息时代，随着软件开发技术的日渐成熟，软件产品的开发和测试越来越受到重视。同时，软件产品的规模越来越大、复杂性越来越高，如何保证软件产品质量的可靠性变得日益重要。软件测试能够通过相应测试技术、方法的运用来发现软件产品设计、开发过程中存在的潜在性问题，从而起到为软件产品后期的市场化推广、应用排除安全隐患的作用。软件测试是保证软件产品质量的关键技术之一，也是软件开发过程中的一个重要环节，其理论知识和技术工具都在不断更新。

本书共八章。第一章为软件测试基础理论，内容包括软件开发和软件危机、软件测试与软件开发的关系、软件测试简要分析、软件测试的意义和软件测试人员分析；第二章为软件测试基本模型，内容包括软件测试的 V 模型、软件测试的 W 模型、软件测试的 H 模型和软件测试的 X 模型；第三章为白盒测试分析，内容包括软件测试方法概述、静态测试和白盒测试；第四章为黑盒测试分析，内容包括等价划分测试、边界值测试、决策表测试和因果图测试；第五章为软件开发与软件测试，内容包括软件测试在软件开发过程中的运用、单元测试、集成测试、系统测试、验收测试和回归测试；第六章为软件测试环境的搭建与管理，内容包括软件测试环境的搭建、软件测试环境的管理与维护；第七章为软件测试的基本过程，内容包括测试计划阶段、测试设计阶段、测试执行阶段、测试评估阶段；第八章为软件测试的应用，内容包括配置测试和兼容性测试、本地化测试和网站测试及安全性测试和面向对象测试。

在编写本书的过程中，编者得到了许多专家学者的帮助和指导，参考了大量学术文献，在此表示真诚的感谢。本书内容系统全面，论述条理清晰、深入浅出。由于编者水平有限，书中难免会有疏漏之处，希望广大同行及时指正。

目　　录

第一章　软件测试基础理论

随着现代信息技术的发展，计算机的使用范围越来越广，软件的需求量也不断增大，软件的规模越来越大。软件测试不是软件开发中一个可有可无的附属，而是必需的过程，这也就奠定了软件测试在软件工程中的地位。本章主要论述软件测试基础理论，主要内容包括软件开发和软件危机、软件测试与软件开发的关系、软件测试简要分析、软件测试的意义和软件测试人员分析。

第一节　软件开发和软件危机

软件的定义是随着计算机技术的发展逐渐完善的。20 世纪 50 年代，人们认为软件等于程序。20 世纪 60 年代，人们认为软件等于程序和文档。20 世纪 70 年代，人们认为软件等于程序、文档和数据。现在我们知道，软件是计算机中与硬件相互依存的部分，具体包含如下内容：在运行中能够提供相应功能的程序；描述软件设计过程的文档；让程序正确运行的数据。

一、软件开发的阶段、活动及角色

（一）软件开发的阶段

软件开发可分为三个阶段：定义、开发、检验交付与维护。

①定义阶段的主要工作内容，如图 1-1-1 所示。

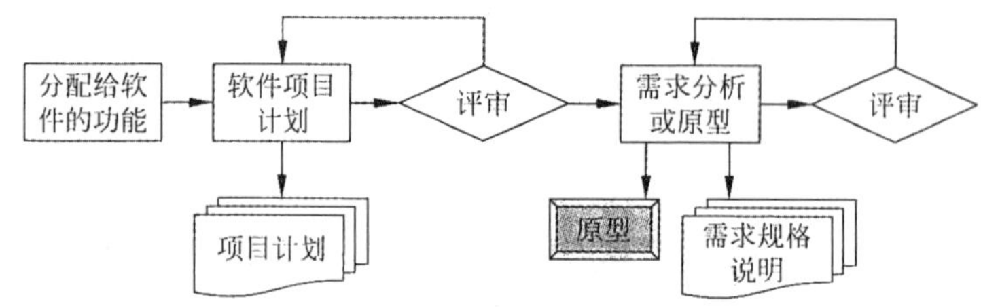

图 1-1-1　定义阶段的主要工作内容

②开发阶段的主要工作内容，如图 1-1-2 所示。

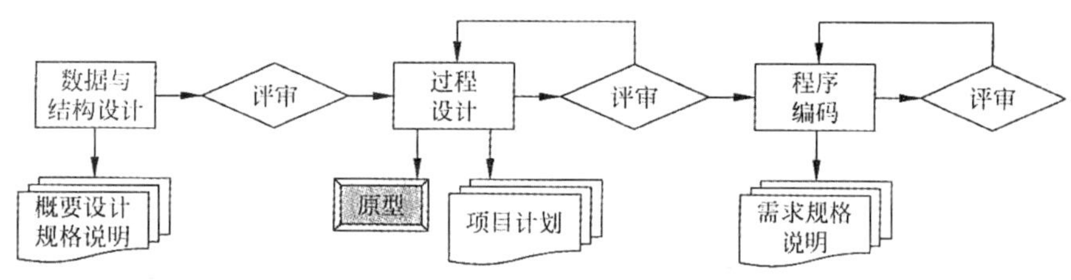

图 1-1-2　开发阶段的主要工作内容

③检验交付与维护阶段的主要工作内容，如图 1-1-3 所示。

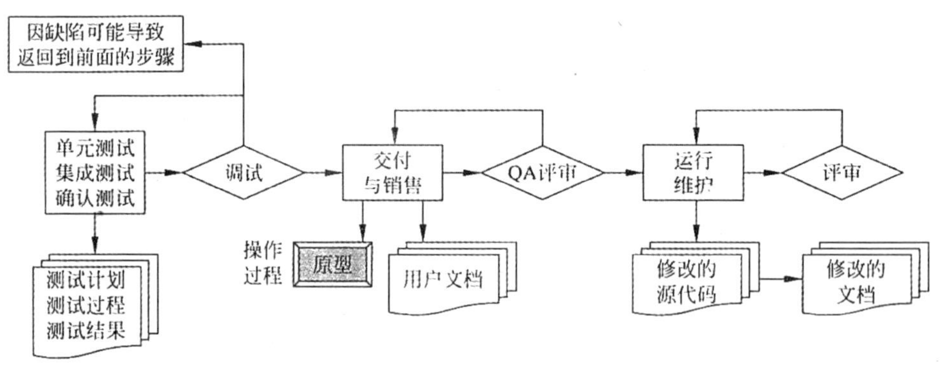

图 1-1-3　检验交付与维护阶段的主要工作内容

（二）软件开发的活动

软件开发过程就是软件工程过程，是开发或维护软件及其相关产品的一系列活动。通常，软件开发包括以下 4 种基本活动。

①软件规格说明：规定软件的功能、性能及运行限制。

②软件开发：产生满足规格说明的软件，包括设计和编码等工作。

③软件确认：确认软件能够满足客户提出的要求，对应于软件测试。

④软件演进：为满足客户的变更要求，软件必须在使用过程中演进，以求尽量延长软件的生命周期。

一个良好的软件开发过程中还应包含一些保护性的活动，如跟踪监控、技术审核、软件配置、质量保证、文档的准备、软件测试、风险管理等活动。

（三）软件开发的角色

一系列的软件开发活动，需要相应的角色来执行和操作。

①项目经理：负责管理业务应用开发和系统开发项目。

②业务分析人员：负责理解和描绘客户的要求，引导和协调用户和业务需求的收集和确认，并使之文档化。

③架构师：负责理解系统的业务需求，创建合理、完善的系统体系架构，并决定相关技术的选择。

④数据设计人员：负责定义详细的数据库设计。

⑤程序员：负责设计、编写程序代码及内部设计规格说明。

⑥测试人员：负责制订测试计划，并根据计划进行相关测试，找出产品中的问题。

⑦产品经理：负责产品的交付和发布，以及销售产品。

⑧技术支持代表：负责处理客户的投诉，以及售后服务问题。

二、软件危机的表现、产生成因及解决方法

软件危机是计算机软件开发和维护过程中遇到的一系列问题的集中体现。这些问题不仅包括软件不能正常工作，还包括如何满足软件需求、如何开发软件、如何运行软件、如何维护软件等。

（一）软件危机的表现

1. 不符合用户需求

软件开发人员对用户的需求缺乏全面、准确和深入的理解，往往急于编程，导致最后实现的软件系统与用户的实际需求相去甚远。

2. 软件供不应求

软件开发生产率提高的速度远远低于计算机硬件的发展速度，软件应用需求

的增长得不到满足，出现了供不应求的局面，从而使人们不能充分利用计算机硬件提供的巨大潜力。

3. 软件预估不准确

软件的实际开发成本比估算成本高出几倍，实际进度比预期进度推迟几个月甚至几年。软件开发者为了追赶进度、降低成本和减少损失，采取一些策略，致使软件质量降低。这种现象损害了开发者的信誉，又引起了用户的不满。

4. 软件质量不可靠

软件质量保证技术没有严密有效地贯穿到软件开发的全过程，导致交付给用户的软件质量差，在运行过程中频繁产生问题，甚至带来极其严重的后果。

5. 软件可维护性差

程序中出现的很多错误非常难改正，要使软件适应新的硬件环境又几乎不可能，也不能根据用户提出的新需求在原有程序上添加一些新的功能，造成软件维护困难和不可重用，导致开发人员只能重复开发基本类似的软件。

6. 文档资料不完整

计算机软件不仅包含程序，还包括软件开发过程中各个阶段的文档资料，如各阶段的说明书、软件测试用例等。这些文档是软件开发人员交流信息的工具，对于维护人员来说更是不可缺少的。缺少必要的文档资料或文档资料不严密、不正确，必然会给软件开发和维护工作带来许多困难。

（二）软件危机产生的原因

1. 软件开发的固有特点

软件是计算机系统中的逻辑部件，难以提前预测。在计算机上运行之前，难以对软件的质量进行评价，因此给软件开发和维护带来了困难。另外，软件的规模越来越庞大，软件的程序越来越复杂，为了在规定时间内开发规模庞大的软件，必须由多人合作完成开发，而这个合作开发的过程不仅涉及技术问题，还必须有严格、科学的管理。

2. 开发与维护不善

软件自身的特点给软件开发与维护带来了一定困难，如果在开发过程中使用已被证明是正确的方法和成功的经验，许多困难是可以被克服的。但是许多软件开发人员仍然对软件开发与维护工作有错误的认识，并且使用落后、错误的技术。

错误的认识和方法主要表现为缺乏正确的理论指导、忽视软件需求分析的重要性和轻视软件维护等。

（三）软件危机的解决方法

在分析软件危机产生的原因后，人们开始探索使用软件工程的原理、概念、方法、技术等，进行软件的设计、开发、运行、维护和更新，于是计算机科学领域产生了“软件工程”这一概念。为解决软件危机，首先，应对软件有正确的认识，消除计算机发展初期“软件是程序”的错误认识。软件由程序、文档及数据组成。程序是能够完成特定功能的序列指令；文档是开发、运行及维护软件所需的图文资料；数据是让软件处理信息的数据结构。其次，应充分认识到软件开发是需要各种软件开发人员密切配合，合作完成的工程项目，而不是某种个体劳动的神秘技巧。软件开发应吸收和借鉴人们在各种工程项目中积累的概念、原理、方法和技术，尤其是要吸收人们从事计算机硬件开发的经验和教训。最后，要吸收和借鉴软件开发的成功经验，并进行推广使用，探索更好的软件开发方法，减少软件危机。如果说机械工具能“放大”人的体力，那么软件工具能“放大”人的智力。软件开发过程复杂，每个阶段都有许多繁杂的工作，借助软件工具辅助，软件开发人员可以提高开发效率和质量。软件开发应构建软件工程支撑环境，即将软件开发过程中使用的软件工具有机结合成一个整体，支持软件开发的全过程。

第二节　软件测试与软件开发的关系

一、软件测试与软件开发各阶段的关系

软件开发过程是一个自顶向下、逐步细化的过程，首先在软件计划阶段定义了软件的作用域，然后进行软件需求分析，建立软件的数据域、功能和性能需求、约束和一些有效性准则。接着进入软件开发阶段，首先是软件设计，然后再用某种程序设计语言把设计转换成程序代码。而测试过程则是按照相反的顺序安排的自底向上、逐步集成的过程，低一级测试为上一级测试准备条件。此外还有两者平行地进行测试。

如图 1-2-1 所示，首先，对每一个程序模块进行单元测试，消除程序模块内部在逻辑上和功能上的错误和缺陷。其次，对照软件设计进行集成测试，检测和

排除子系统（或系统）结构上的错误。再次，对照需求，进行确认测试。最后，从系统整体出发，运行系统，看是否满足要求。

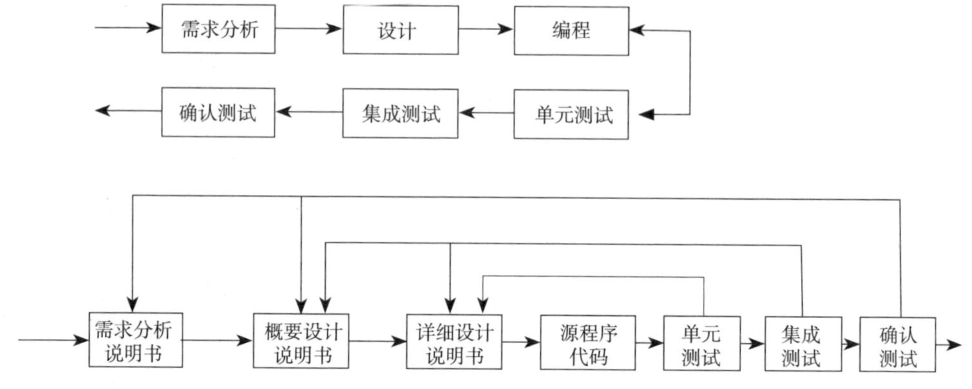

图 1-2-1　软件测试与软件开发各阶段的关系

二、软件测试与软件开发的并行流程

在软件的需求得到确认并通过评审后，概要设计工作和软件测试计划制订设计工作要并行进行。如果系统模块已经建立，对各个模块的详细设计、编码、单元测试等工作又可并行。待每个模块完成后，可以进行集成测试、系统测试。软件测试与软件开发的并行流程如图 1-2-2 所示。

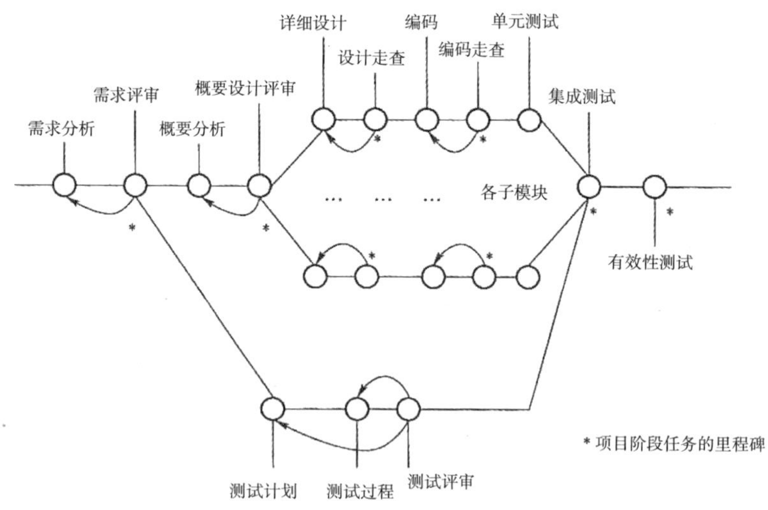

图 1-2-2　软件测试与软件开发的并行流程

三、软件测试与开发模型的完整流程

软件测试不仅是执行测试，而且是一个包含很多复杂活动的过程，并且这些过程应该贯穿于整个软件开发过程。在软件开发过程中，应该什么时候进行测试，如何更好地把软件开发和测试活动集成到一起，这是软件测试工作人员必须考虑的问题。因为只有这样，才能提高软件测试工作的效率，提高软件产品的质量，最大限度地降低软件开发与测试的成本，减少重复劳动。如图 1-2-3 所示，为软件测试与软件开发的完整流程。

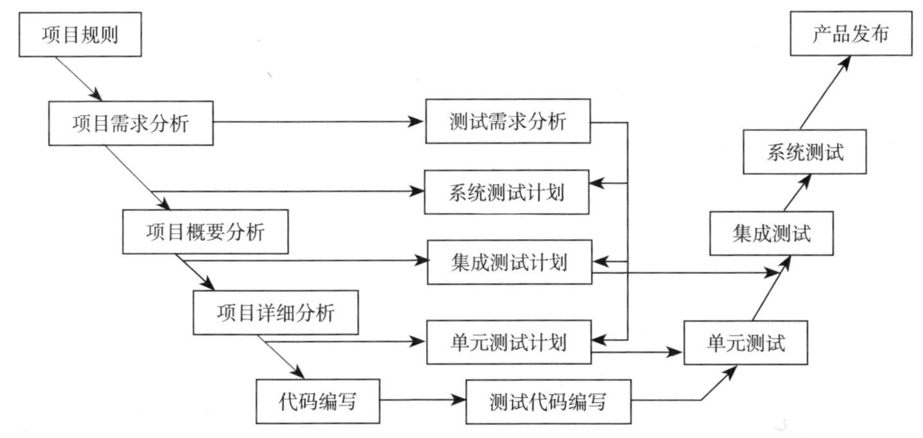

图 1-2-3　软件测试与软件开发的完整流程

第三节　软件测试简要分析

一、软件测试的定义

为了保证软件的质量和可靠性，应力求在分析、设计等各个开发阶段结束前，对软件进行严格的技术评审。但由于人们能力的局限性，审查并不能发现所有的错误，在编码阶段还会引进大量的错误。这些错误和缺陷如果遗留到软件交付投入运行之时，终将会暴露出来。但到那时，不仅改正错误的代价更高，而且往往造成很恶劣的后果。

软件测试就是在软件投入运行前，对软件需求分析、设计规格说明和编码的最终复审，是软件质量保证的关键步骤。通常对软件测试的定义有如下描述：软件测试是为了发现错误而执行程序的过程。或者说，软件测试是根据软件开发各阶段的规格说明和程序的内部结构而精心设计一批测试用例，并利用这些测试用例去运行程序，以发现程序错误的过程。

软件测试在软件生存期中横跨两个阶段：通常在编写出每一个模块之后就对它做必要的测试（单元测试）。编码与单元测试属于软件生存期中的同一个阶段。在结束这个阶段之后，还要对软件系统进行各种综合测试，这是软件生存期的另一个独立的阶段，即测试阶段。

现在，软件开发机构将研制力量的40%以上投入软件测试之中的事例越来越多。特殊情况下，对于性命攸关的软件，例如飞行控制软件、核反应堆监控软件等，其测试费用甚至高达所有其他软件工程阶段费用总和的3～5倍。

二、软件测试的目的

基于不同的立场，存在着两种完全不同的测试目的。从用户的角度出发，普遍希望通过软件测试暴露软件中隐藏的错误和缺陷，以考虑是否可以接受该产品。从软件开发者的角度出发，则希望软件测试成为表明软件产品中不存在错误的过程，验证该软件已正确地实现了用户的要求，确立人们对软件质量的信心。因此，他们会选择那些导致程序失效概率小的测试用例，回避那些易于暴露程序错误的测试用例，也不会注意去检测、排除程序中可能包含的副作用。显然，这样的测试对完善和提高软件质量毫无价值。因为在程序中往往存在着许多预料不到的问题，可能会被疏漏，许多隐藏的错误只有在特定的环境下才可能暴露出来。如果不把着眼点放在尽可能查找错误这样一个基础上，这些隐藏的错误和缺陷就查不出来，会遗留到运行阶段中去。

综上所述，软件测试的目的包括以下三点。

①测试是程序的执行过程，目的在于发现错误，不能证明程序的正确性，仅限于处理有限种的情况。

②检查系统是否满足需求，这也是测试的期望目标。

③一个好的测试用例在于发现还未曾发现的错误；成功的测试是发现了错误的测试。

三、软件测试的原则

软件测试的目标是以最少的时间和人力成本找出软件中潜在的各种错误和缺陷。如果成功地实施了测试，就能够发现软件中的错误。

根据这样的测试目的，软件测试的原则如下。

①应当把尽早地和不断地进行软件测试作为软件开发者的座右铭。坚持在软件开发的各个阶段的技术评审，这样才能在开发过程中尽早发现和预防错误，把出现的错误克服在早期，杜绝某些隐患，提高软件质量。

②测试用例应由测试输入数据和与之对应的预期输出结果这两部分组成。如果对测试输入数据没有给出预期的程序输出结果，那么就缺少了检验实测结果的基准，就有可能把一个似是而非的错误结果当成正确结果。

③程序员应避免检查自己的程序。如果由他人来测试程序员编写的程序，可能会更客观、更有效，并更容易取得成功。

④在设计测试用例时，应当包括合理的输入条件和不合理的输入条件。合理的输入条件指能验证程序正确的输入条件；而不合理的输入条件指异常的、临界的、可能引起问题变异的输入条件。因此，软件系统处理非法命令的能力也必须在测试时受到检验。用不合理的输入条件测试程序时，往往比用合理的输入条件进行测试能发现更多的错误。

⑤要充分注意测试中的群集现象。测试时，不要以为找到了几个错误就已解决问题，不需要继续测试了。应当对错误群集的程序段进行重点测试，以提高测试投资的效益。

⑥应严格执行测试计划，排除测试的随意性。对于测试计划，要明确规定，不要随意解释。

四、软件测试的特点

在软件开发活动中，软件测试具有不同于分析、设计、编码的特点，表现在以下方面：

（一）复杂性

要做好软件测试，不仅需要站在客户的角度思考问题，真正理解客户的需求，具有良好的分析能力和创造性的思维能力，完成功能测试和用户界面的测试；而且要能理解软件系统的实现机理和各种使用场景，具有扎实的技术功底，通过测试工具完成相应的性能测试、安全性测试、兼容性测试和可靠性测试等更具挑战性的任务。从这些角度看，软件测试需要测试人员具备业务分析能力、对客户需求的理解能力和团队沟通协作的能力。

（二）挑剔性

软件测试是为了让开发出的软件满足用户需求而做的测试，是对软件质量的监督和保证。其目的不是证明程序中没有错误，而是为了尽早发现程序中的错误，以减少修复错误的成本。因此，软件测试是一种“挑剔性”的行为。

（三）不彻底性

所谓彻底测试，就是让被测程序在一切可能的输入情况下全部执行一遍，通常也称为“穷举测试”。然而，在实际测试中，由于测试情况数量巨大，穷举测试是无法实现的。

（四）经济性

软件工程的总目标是充分利用有限的人力和物力资源，高效率、高质量地完成测试。而软件测试的不彻底性，要求我们在软件测试中要对测试用例进行选择，要选用典型的、有代表性的测试用例进行有限的测试。为了降低测试成本，选择测试用例时应注意遵守“经济性”的原则：第一，要根据程序的重要性和一旦发生故障将造成的损失来确定它的测试等级；第二，要认真研究测试策略，以便能使用尽可能少的测试用例，发现尽可能多的程序错误。

第四节　软件测试的意义

一、软件的重要性

软件无处不在，软件越来越成为人们生活中不可或缺的部分。从商业应用到消费产品各个领域，人们在享受软件给生活带来的便利的同时，也承担着软件缺陷所带来的不良后果。软件的不正确执行可能会引发许多问题，包括资金损失、时间浪费和商业信誉的丧失等，甚至导致人身伤害和死亡。

由软件缺陷所导致的事故在人们的生活中并不少见，例如大家耳熟能详的“千年虫”冲击波事故；网站承受不了大量用户访问而导致的崩溃事故；ATM由于提款机内部软件缺陷导致用户提款操作失败，但是账户上的余额却被意外扣除的事故；还有大家非常熟悉的手机，由于手机软件缺陷导致手机经常死机或通话中断的现象；等等。软件缺陷不仅影响了用户的正常使用，而且一定程度上降低了商家的信誉度。可见，在日常生活中，软件的缺陷无处不在，由它导致的不良后果也在时刻影响着人们生活的方方面面，因此，软件测试的重要性不容忽视。

二、引发软件错误的原因

实际上，程序员在完成自己的软件设计之后，总会认为这个软件是没有问题的，或者说软件设计工程师并没有主观意愿在自己的软件中引入错误。但是软件往往并不按照我们的主观意愿来执行，也就是说客观上软件可能存在错误，是什么原因造成软件容易出现错误呢？

（一）人本身容易犯错误

所有的人都会犯错误，因此由人设计的代码、系统和文档中可能会引入缺陷。当存在缺陷的代码被执行时，系统可能无法执行期望的指令，从而引起软件失效。计算机会忠实地按照人的指令来执行，因此这也会造成一种假象，就是人们通常认为计算机是不会出错的，计算机的结果是完全正确和可信的，但告诉计算机指令的人也可能会犯错误。如果告诉计算机的指令是错误的，那么计算机按照错误的指令去执行就会得到错误的结果。计算机本身没有错误（符合前面的假象），但是反馈给人的信息，从人的理解则是错误的。实际上，计算机的错误在于人的错误指挥，计算机错误的实质上是人的错误。

（二）系统架构复杂

人是引起计算机错误的根本原因，但是为什么人会犯这种错误呢？很多时候人们也不犯错误，比如在做 1+1=2 这样的题目，或者做 printf（“Hello World！”）这样的程序时，若非故意应该说鲜有错误，那么在人本身不愿意犯错误的前提下而促使人犯错误的原因，很大程度上是事物本身的复杂程度。有些大型的程序，其系统构架本身比较复杂。在设计这样的系统时，可能会出现考虑欠妥的地方，这种构架设计的逻辑欠缺，或在设计人员不留意的情况下，可能会引起系统潜在的危险。

假设设计一个空中交通管制系统的构架，空中交通管制系统是飞行管制员指挥飞机正常有序飞行的辅助计算机系统。它通过雷达探测飞机所在的位置、高度和速度信息，将探测到的信息及飞行航路图、飞行天气图综合显示在雷达显示终端上，供飞行管制员按照指定的规程指挥飞机使用。

设计的构架如图 1-4-1 所示，其中，主机系统用于解释雷达传过来的原始数据，接口单元用于将主机数据转换为雷达显示终端的数据格式，并将数据发布到网络上，雷达显示终端则用于显示主机系统传过来的飞行信息、天气信息及航路信息等，控制台则用于监控所有雷达显示终端的状态。由于飞行安全的重要性，通常而言，空中交通管制系统的可靠性成为该系统最重要的质量属性，要求在任何条件下，任何时间都不允许出现故障。

设计的上述构架从功能的角度来讲并没有什么问题，但是由于缺乏完成复杂构架的经验，上述系统并没有在可靠性上做过多的考虑，比如：当该系统在工作过程中主机系统出现故障怎么办？也许有人会认为硬件出现故障软件当然没有办法解决，其实不然，良好的构架设计可以解决这类问题。

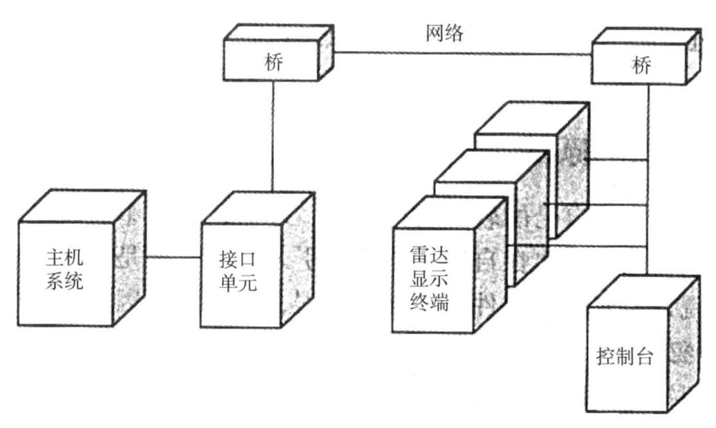

图 1-4-1　空中交通管制系统的配置图

提示：原则上，程序设计员主观上并不愿引入软件错误，但是由于知识缺陷或考虑的欠缺，客观上会造成计算机系统处理得不周密、不完善，在适当条件发生时，比如计算机硬件出错，会造成整个系统执行出错，好的设计通过冗余可以避免这种错误的发生。

（三）代码较复杂

有时候为了完成一个复杂的功能，代码会变得很复杂，特别是代码中的判定、循环增多时，代码的复杂程度呈几何级数增长，这时候人容易出现错误。

（四）新技术不够成熟

在工业制造业中，通常不会在第一时间内采用最新的发明技术，其主要是为了产品的可靠性和稳定性。但是，对于计算机技术而言，其发展速度一日千里，新的技术不断涌现，这使得软件设计人员面临不断选择新技术的压力。比如 C 语言是最新的编程语言，而且继承了 Java 的优点，在语法上比 Java 更加严谨，具有更多的控件，于是就被尝试使用。这本身并没有错，但当编写国际化的程序需要跨平台时，遇到了问题。现在以 C 语言编写的程序只能在安装了 .NET 环境的 Windows 操作系统下运行，本来认为它是 Java 的替换者，但现在还是遇到了问题。

新技术最大的问题是其没有普遍试用。尽管其好处非常明确，但由于未得到全面的验证其问题并未充分暴露。这正如新完成的软件在没有经过充分测试的情况下使用容易遇到各种问题一样，新技术在使用中也会遇到意想不到的问题，而且这种问题通常不能由程序员直接解决。因此在开发商业程序时尽量使用成熟技术以避免程序的意外缺陷。

（五）发布时间紧迫导致程序出错

时间上的压力是产生程序错误的另一个原因。在时间允许的情况下，编写程序会遵守规范，对程序的异常问题加以保护，而且可以进行正规的软件测试。但是，在发布时间紧迫的情况下，程序员往往会放弃一些原则。这样，程序出现错误的概率变大。

（六）硬件环境错误引起软件失效

硬件环境的错误有时会引起软件的失效。硬件环境主要是指软件运行的硬件平台，比如计算机主机。计算机主机可能由于某一部分（如 CPU）失效引起软件故障。例如，英特尔（Intel）公司在 1994 年发布的某款 CPU 在特定的情况下会引起浮点运算的错误，从而表现为软件计算的缺陷。另外，硬件所在空间环境中的放射、电磁辐射及其他污染都可能会引起硬件的故障。比如，生理无线遥测系统，在外界电磁场的干扰下，通过无线电传递的信号受到影响，表现在软件上就是采集到的生理信号中夹杂过多的干扰信号（掩盖了正常信号），影响了正常数据的观察和分析，即数据错误。

三、引入软件测试的必要性

（一）软件测试可以降低软件错误的发生率

软件客观上存在错误的可能，程序员没有办法完全消除这种可能，通过软件测试可以降低软件错误发生的概率，从而提高软件的可靠性。

提示：假设软件中固有的缺陷是恒定的，每发现并修复一个软件缺陷，则其客观存在的软件缺陷总量就会减少一个（不考虑又引入缺陷的情况）。在测试过程中会不断发现并修复固有的软件缺陷，从而降低软件总体的错误量，减少错误的发生率。

（二）软件故障会给社会、个人造成问题

软件的错误往往会给使用者带来个人的、社会的、商业的各种问题。比如，银行利率软件的缺陷要么造成个人损失，要么造成银行损失；社保软件出现故障，造成大量的人员领不到社保基金，引起社会的问题；火箭或飞机控制程序的问题，会引起企业和社会的双重压力。正是软件故障引起的巨大社会和商业压力才是公司愿意建立软件测试的巨大推动力，否则，公司更愿意将软件测试交给使用者去完成。

（三）高质量的软件可以提高软件公司的商业信誉

对软件进行检查可以提高软件的质量，软件质量的提高可以提升软件公司的商业信誉，从而为公司产生更大的效益，这是公司引入软件测试的又一重要原因。

微软公司在 2006 年发布了 Vista 系统。由于该系统没有经过严格的兼容性测试，造成用户使用后怨声载道，仅仅 3 年时间就基本上结束了生命，是微软公司生命周期最短的一款操作系统，不仅没有给公司带来巨大的商业利益，反而使微软公司成了众矢之的，造成很大的负面的影响。

Windows 7 系统在吸取 Vista 系统的前车之鉴后，进行了大量的测试，特别是在用户测试方面下足了功夫。结果在 2009 年 10 月上市后好评如潮，在一年的时间里就销售出 2 亿套软件许可，是微软公司历史上销售最好的软件，给微软公司带来了巨大的商业利益。

对于这两个操作系统截然不同的命运，虽然不能完全将之归结为测试的原因，但测试至少是其中一个重要的原因。

这里需要注意的是，软件发布的时间与测试的完善程度相关，只有在得到用户肯定之后再发布的软件方可被用户乐意地接受。

第五节　软件测试人员分析

一、软件测试人员的职责

软件测试人员的职责从本质上讲就是做好项目的测试工作，达到软件测试的目的。

软件测试经理和软件测试主管是测试小组对外（主要是项目组）的接口，

对内负责组员的工作安排、工作检查和进度管理，同时也要承担重要项目的测试工作。

（一）软件测试经理和软件测试主管的职责

一般来说，软件测试经理和软件测试主管都重视软件测试技术工作，并经常与软件测试人员共同完成软件测试任务。对于软件测试经理和软件测试主管来讲，最重要的工作是提供和协调软件测试资源，帮助软件测试人员提高软件测试工作的质量，其中主要体现在以下七个方面。

1. 招聘合适的软件测试人员

对于软件测试工作来说，招聘合适的软件测试人员是首要的，但往往事与愿违。一方面，很多人对软件测试有偏见，觉得水平和能力较差的人才会去做测试工作，因此很难招聘到高水平的软件测试工程师；另一方面，软件测试经理和软件测试主管在面试时，往往忽略了其他的重要因素，如是否有较强的工作责任心、是否乐于做测试工作等。

当然，招聘软件测试人员还要结合现有的实际情况，考虑需要何种类型的员工，是活力四射的还是稳重诚实的。

2. 建立软件测试技术模型和培训机制

软件测试本身就是一种技术，但很可惜，目前国内软件测试水平还很有限，测试技术和管理书籍很少。那么，在软件测试组织内部建立有效的软件测试技术模型，可以弥补这方面的不足。软件测试技术模型是根据软件测试组织实际情况建立起来的一套测试技术体系，包括软件测试技术和软件测试流程两大方面，还有就是软件测试方法和经验的共享。

当然，软件测试技术模型需要不断地改进，需要软件测试人员具有学习和创新能力。在测试技术模型建立并改进后，需要进行推广和实施，最主要的方法是组织各种培训，包括正式培训、技术交流研讨会和文档共享等形式。因为软件测试涉及的技术很广，所以需要进行技术分工，使软件测试人员各展所长，然后通过培训提高整个测试组织的水平。因此，建立有效、实用的培训机制非常重要，培训机制可以根据测试组织的实际情况建立，如定期或不定期，指定培训人选或大家毛遂自荐等。

3. 定期与软件测试人员进行正式交谈

与员工进行沟通的好处很多，如可以了解员工的工作情况和工作心态，也可以为员工提供意见和建议，还可以增进与员工之间的感情等。

但是，仍然有很多软件测试经理和软件测试主管因为工作繁忙而忽略了这件重要的工作。因此，建议软件测试经理和软件测试主管给自己制订一个定期计划，每周或几周内与所有员工进行单独而正式的交谈，一旦形成了这个习惯，就会发现受益匪浅。

4. 对员工工作的充分信任

在做了几年的软件测试管理工作后，软件测试经理和软件测试主管会发现，很多骨干员工的测试技术和水平要强于自己，这是很正常的现象。基于此原因，软件测试经理和软件测试主管在把工作分配给员工后，就要充分信任软件测试人员的能力，自己主要应做好宏观的管理和测试支持工作。同时，要鼓励员工使用更科学的测试技术、方法或工具，并进行知识共享。

5. 以员工期待的方式善待员工

软件测试工作量大，又容易被人误解。如果软件测试经理和软件测试主管能以恰到好处的方式对待员工，就会对软件测试人员的心理起到良好的调节作用。另外，软件测试人员的工作风格有所差异，所以布置和指导工作方式要因人而异。对员工的奖励和批评也是如此，物质奖励或惩罚并不是万能的，而“一分钟夸奖”往往能取得事半功倍的效果。

6. 评价实事求是，以事论事

无论是软件测试工作还是软件测试人员本身，都需要不断地进行评价和总结，以便后续改进，并且使所有员工都能共享经验和教训。评价的原则有两点，即“实事求是”和“以事论事”。“实事求是”需要软件测试人员有勇气揭示自己的不足，“以事论事”则需要软件测试经理和软件测试主管不能把工作的缺陷与员工自身联系在一起，否则会影响评价工作的正常开展。

评价也包括软件测试经理和软件测试主管要勇于承认自己的错误。“金无足赤，人无完人”，否认和忽略自己的错误属不明智之举。若想改进不足，就需要多倾听员工的意见和建议。

7. 规划和开展软件测试管理工作

软件公司或测试组织的经理都希望通过软件测试来不断提高软件产品的质量，因此测试组织必须不断提高技术水平、不断发展。软件测试经理和软件测试主管需要每年或每季度规划测试组织工作，为测试组织定制发展目标和愿景。

当前的软件项目规模越来越大，产品交付市场的时间点越提前越好。软件测试工作作为软件交付的最后一个环节，其质量风险是不容忽视的。因此，在测试实施前就要做好充分的计划，采取高效的测试策略并进行评估，使项目中严重的缺陷尽早发现，以降低整个项目的开发风险。

软件测试经理和软件测试主管可能每天都会有很多的时间花在开各种会议、参加培训、接打电话或收发微信上。但是作为软件测试负责人，应该把更多的精力放在提高测试工作效果和避免测试风险的发生上，而不能只完成属于自己的部分工作。

（二）软件测试工程师的职责

软件测试工程师要能够完成所有的软件测试工作，如从软件测试计划到软件测试总结，从软件测试活动到与软件测试相关的其他活动等，具体说来主要包括以下工作。

1. 制订软件测试计划

在做软件项目策划时，软件测试的计划工作即开始，这个时期软件测试工程师的职责不仅是完成软件测试计划，而是与项目经理一起规划好软件测试活动所涉及的资源、花费和关键时间点，以及制订软件测试风险管理计划等。另外，每一个软件测试阶段的测试计划还包括具体的测试内容、输入和输出准则及具体测试活动的安排等。简而言之，软件测试工程师要制订好软件测试计划，为以后的软件测试实施活动做好充分的准备。

2. 设计与编写测试用例

软件测试计划是对软件测试活动的资源、花费等的预估，而具体测试执行的内容和方法则需要软件测试工程师编写测试用例文档（测试说明）。测试用例的设计与编写是软件测试工程师技术与经验的综合体现，是软件测试实施前最重要、最关键的活动。

3. 实施软件测试

软件测试工作的实施是软件测试工程师最重要的测试活动，也是软件开发过程中一个很重要的步骤。在实施软件测试时，软件测试工程师既要保证测试充分，又要讲究工作效率和测试策略与方法。因为软件测试工作具有风险性，所以对软件测试负责人来说，实施软件测试非常具有挑战意义。

4.Bug 跟踪

有效的 Bug 跟踪是提高测试效率、改进产品质量和保证项目进度的重要策略之一。软件测试工程师在测试过程中，不仅是发现和验证软件的 Bug，而且要对其进行跟踪，使其得到尽快修改和控制。

5. 软件测试报告与总结

软件测试的结束并不表示整个测试工作的结束，软件测试工程师需要把软件测试的结果经过统计和分析汇报出来，一方面使项目管理者能够清晰地了解软件当前的质量，另一方面也能为项目以后的改进和测试工作的改进提供重要的参考资料。

除此之外，其他软件工程活动，包括需求、概要设计的同行评审、项目会议及相关产品的确认和验证活动也属于软件测试工程师的职责。

二、软件测试人员的能力要求

与软件开发一样，软件测试也是一项技术含量很高的工作。要想使测试顺利完成，软件测试人员也必须具备一定的能力素质。

（一）计算机专业能力要求

计算机领域的专业技能是软件测试人员应该必备的一项素质，是做好软件测试工作的前提条件。尽管没有任何计算机专业背景的人也可以从事软件测试工作，但是要想获得更大发展空间或者持久竞争力的软件测试人员，则计算机专业技能是必不可少的。计算机专业技能主要包含以下三个方面。

1. 扎实的专业知识

软件测试已经被很多成熟的公司视为高级技术工程职位，因此，要想成为一名优秀的软件测试人员，首先应该具有扎实的专业基础。软件测试专业技能涉及的范围很广，本书后面会有详细介绍，这里不再赘述。

2. 良好的软件编程基础

软件测试人员应具有良好的软件编程基础，只有了解和熟悉软件的编程过程，才可以胜任诸如单元测试、集成测试、性能测试等难度较大的测试工作，才可能取得较好的职业发展。比如在微软公司，很多软件测试人员都拥有多年的开发经验。

当然，对软件测试人员的编程技能要求也有别于开发人员，软件测试人员编写的程序应着眼于运行正确，同时兼顾高效率，尤其体现在与性能测试相关的测试代码编写上。

3. 宽泛的计算机基础知识

由于软件测试中经常需要配置、调试各种测试环境，而且在性能测试中还要对各种系统平台进行分析与调优，因此要做好软件测试，软件测试人员还需要具有广博的计算机基础知识，特别是网络、操作系统、数据库、中间件等知识。

（二）应具备的基本能力素质

软件测试人员除了要具备上述计算机专业技能之外，还应具备以下能力素质：

1. 较强的沟通能力

在软件测试中，软件测试人员需要经常和其他人（特别是和软件开发人员）沟通交流，而软件测试和开发的天然“对立”的关系使得软件测试人员的沟通能力显得尤为重要。只有具有较强的沟通能力，把自己的观点以开发者乐于接受的方式表达出来，才能更好地弥补缺陷，提高软件质量。

2. 探索精神

为了尽快地了解被测软件、尽早发现软件缺陷，软件测试人员还应具有探索精神，不惧怕陌生领域和环境，尽快进入测试状态。

3. 创造性

软件测试人员必须编写不同的测试程序，用富有创意的甚至是超常的手段来寻找软件缺陷。

4. 判断准确

由于软件测试员需要决定测试内容、测试时间，并判断测试到的问题是否为真正的缺陷。因此，具有准确的判断力也是软件测试人员的一项基本素质。

5. 故障排除专家

软件测试人员要有对软件高风险区的判断能力，善于发现问题的症结，尽快排除故障。

6. 追求完美

软件测试人员应具有追求完美的性格，即使知道有些目标难以企及，也要尽力接近目标。

7. 坚持不懈的精神

软件测试人员应剔除侥幸的心理，不放过任何蛛丝马迹，坚持不懈，想方设法找出问题。

8. 移情能力

软件测试人员必须和开发者、用户和管理人员等各类人打交道，这些人员都处在一种既关心又担心的状态之中，但心理又各不相同：用户担心将来使用一个不符合自己要求的系统，开发者则担心由于系统要求不正确而使他不得不重新开发整个系统，管理部门则担心这个系统突然崩溃而使它的声誉受损。因此，软件测试人员需要对他们每个人都有足够的理解和同情，这样才可以将软件测试人员与相关人员之间的冲突和对抗控制在最低限度。

9. 耐心

一些质量保证工作需要足够的耐心，有时需要花费惊人的时间去分离、识别一个错误，这个工作是那些没有耐心的人无法完成的。

10. 自信心

开发者指责测试者出了错是常有的事，软件测试人员必须对自己的观点有足够的自信心。

另外，软件测试人员还应具有缜密的逻辑思维能力、较强的责任心和团队合作精神、良好的学习能力和较好的书面表达能力等。

第二章　软件测试基本模型

随着软件测试过程管理的不断发展，软件测试人员通过大量的实践，总结出了很多很好的软件测试过程模型。这些模型将软件测试活动进行了抽象，并与开发活动进行了有机结合，是软件测试过程管理的重要依据。本章主要论述软件测试基本模型，分别介绍了软件测试的 V 模型、软件测试的 W 模型、软件测试的 H 模型和软件测试的 X 模型。

第一节　软件测试的 V 模型

V 模型是瀑布模型的变种，它体现的主要思想是：开发任务和测试任务是相互对等的活动且同等重要。V 模型的左右两侧组成英文字母 V 的两个边，形象地体现了这一点。V 模型的左侧代表软件开发过程，在软件开发过程中，系统是逐步设计完善的，编码是最后一步。V 模型的右侧描述了相应的集成和测试过程，通过不断组合软件组件，形成更大的子系统（软件组件的集成），并对它们的功能和非功能进行测试。V 模型将测试分成了不同的级别，分别是组件测试、集成测试、系统测试和验收测试。每个不同的测试级别都有各自主要的测试关注点及不同的测试目的。

如图 2-1-1 所示，是由开发活动和测试活动共同组成的 V 模型。V 模型主要的开发活动有用户需求、需求分析与系统设计、概要设计、详细设计及编码，相应的测试级别有单元测试、集成测试、确认测试与系统测试和验收测试。

其中，构成 V 模型左侧的活动是瀑布模型中常见的一些活动。

①用户需求：从客户或用户中收集需求，并对它们进行详细描述，最终得到批准和认可。需求说明定义了开发软件系统的目的和需要实现的特性和功能。

②需求分析与系统设计：将需求映射到系统的功能和架构上。

③概要设计：设计系统的具体实现方式。这个阶段包括定义系统环境的接口，同时将整个系统分解成更小且更容易理解的子系统（系统架构），从而可以对每个子系统进行独立的开发。

④详细设计：定义每个子系统的任务、行为、内部结构及与其他子系统的接口。

⑤编码：通过编程语言实现所有已经定义的组件（如模块、单元、类）。

在 V 模型中，随着整个开发阶段的进行，软件系统的描述越来越详细。通常来说，在某个开发阶段中引入的缺陷最容易在本阶段中发现。因而，在每个开发阶段，V 模型的右边定义了相应的测试级别。在每个测试级别，都要检查开发活动的输出是否满足具体的要求，或者是否满足这些特定阶段相关的要求。

①单元测试。单元测试是针对一个软件单元的测试。组件是可以测试的最小软件单元，有些资料或书籍中也将组件测试称为模块测试、单元测试、类测试等。组件测试是检查此组件是否满足组件说明（详细设计说明）的要求，即保证每个最小的单元能够正常运行。组件测试一般由开发人员执行，首先设定最小的测试单元，然后设计相应的测试用例检查各个组件功能的正确性，另外还要考虑组件的健壮性（当输入错误数据时系统的反应）和单个组件的性能。

②集成测试。集成测试是一种旨在暴露接口及集成组件或集成系统间交互时存在的缺陷的测试。测试的目的是发现接口的缺陷和集成后组件 / 系统协同工作时的缺陷（如与操作系统、文件系统或硬件的接口等）。检查集成后的组件 / 系统是否能按照系统技术设计描述的方式协同工作，接口是否正确等。

③确认测试与系统测试。确认测试是在完成集成测试后，依据确认测试准则，针对需求规格说明进行的测试，以确定所开发的软件系统是否能满足规定的功能和性能要求。在形成完整的系统后，对整个系统进行的测试称为系统测试，系统测试旨在检查系统是否满足了指定的需求。在 V 模型中，系统测试对应的开发输入是系统功能设计，重点是检查系统所定义的功能是否实现并能否正确运行、非功能的质量特性是否满足了设计的要求。

④验收测试。验收测试一般由用户 / 客户进行，其目的是确认被测系统是否满足预先定义的验收要求。验收测试通常是根据用户需求或业务流程进行的正式测试，目的是确保系统符合所有验收准则。

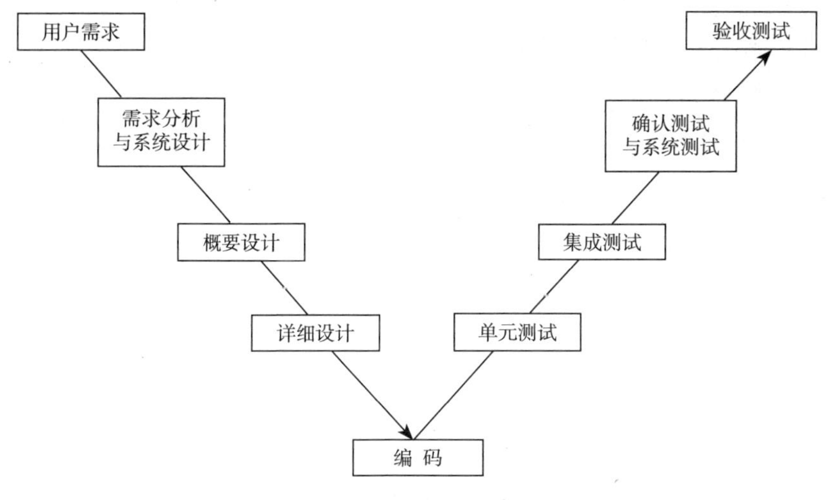

图 2-1-1　软件测试的 V 模型

第二节　软件测试的 W 模型

相对于 V 模型而言，软件测试的 W 模型（图 2-2-1）增加了软件开发各个阶段的验证和确认活动，避免将最初的设计错误带入代码中再进行验证，造成程序错误难以回溯的问题。

在模型中不难看出，开发是“V”，测试是与此并行的“V”。W 模型强调测试过程伴随着整个软件的开发过程，而且测试的对象不仅仅是可以运行的程序，还包括软件需求说明、设计及源码等，测试与开发是真正同步进行的。W 模型有利于尽早地全面发现软件设计过程中的各种问题，可以利用包括评审在内的静态测试技术，这和实际的软件测试是一致的。

但 W 模型也存在局限性。在 W 模型中，需求、设计、编码等活动被视为串行的，同时测试和开发活动也保持着一种线性的前后关系，上一阶段完全结束，才可正式开始下一个阶段的工作。这样就无法支持迭代的开发模型。对于当前软件开发复杂多变的情况，W 模型并不能解决软件测试管理所面临的各种困难，在这种情况下，另一种模型——H 模型应运而生，该模型主要用于解决 W 模型不能迭代的缺陷。

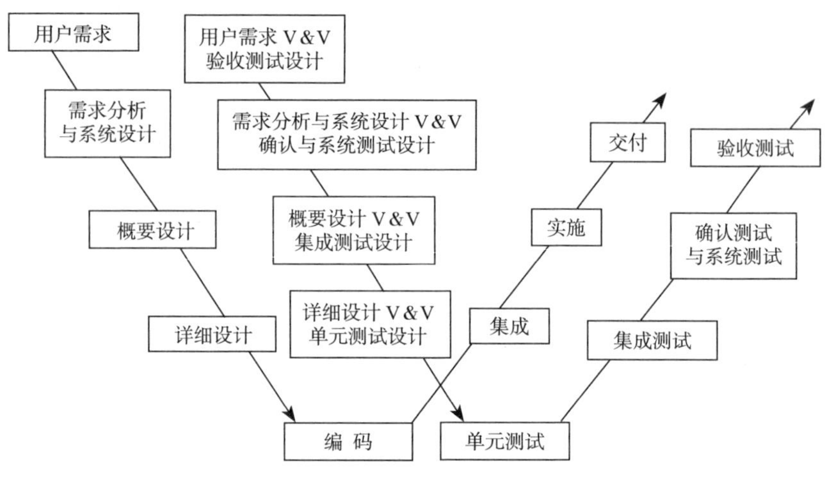

图 2-2-1 **软件测试的 W 模型**

第三节 软件测试的 H 模型

由于 V 模型和 W 模型的局限性，V 模型和 W 模型都没有很好地体现软件测试流程的完整性。为了解决以上问题，人们又提出了 H 模型。它将软件测试活动完全独立出来，形成一个完全独立的流程，将测试准备活动和测试执行活动清晰地体现出来，如图 2-3-1 所示。

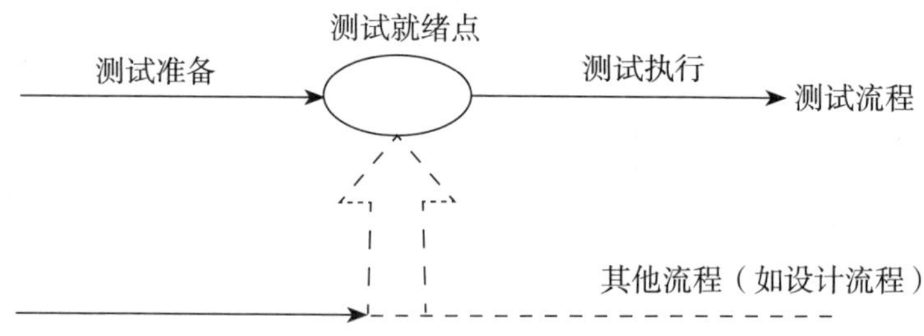

图 2-3-1 **软件测试的 H 模型**

H 模型以其图形表示形如平放的字母“H”而得名。在 H 模型中，将软件测试看作一个独立的流程，贯穿整个产品周期，与其他流程并发地进行。当某个测试时间点就绪时，软件测试就从测试准备阶段进入测试执行阶段。也就是说，无论产品开发经历了多少次迭代，只要测试准备就绪，就开始执行测试。

图 2-3-1 演示了在整个生产周期中某个层次上的一次测试“微循环”，图 2-3-1

中的其他流程图可以是任意开发流程，如设计流程和编码流程，也可以是其他非开发流程，如 SQA 流程，甚至是测试流程本身。只要测试条件成熟了，测试准备活动完成了，测试执行活动就可以进行了。

H 模型揭示了以下内容。

①软件测试不仅指测试的执行，还包括很多其他活动。

②软件测试是一个独立的流程，贯穿产品整个生命周期，与其他流程并发地进行。

③软件测试要尽早准备，尽早执行。

④软件测试是根据被测物的不同而分层次进行的，不同层次的测试活动可以是按照某个次序先后进行的，但也可能是反复的。

第四节　软件测试的 X 模型

X 通常代表未知，比如 X 模型中包括了探索性测试（Exploratory Testing）这样的观点。

如图 2-4-1 所示，X 模型的左边描述的是针对单独程序片段所进行的相互分离的编码和测试，此后将进行频繁的交接，通过集成最终合成为可执行的程序。这些可执行程序还需要进行测试（右上方）。已通过集成测试的成品可以进行封版并提交给用户，也可以作为更大规模和范围内集成的一部分。多根并行的曲线表示变更可以在各个部分发生。X 模型还定位了探索性测试，这是不进行事先计划的特殊类型的测试，往往能帮助有经验的软件测试人员在软件测试计划之外发现更多的软件错误。

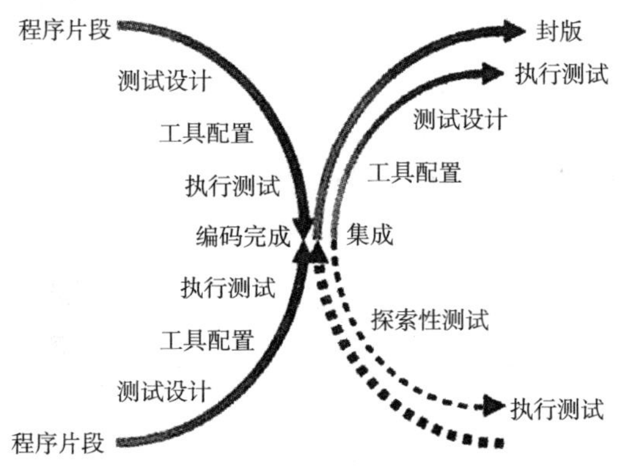

图 2-4-1　X 模型示意图

应该说，不同的软件测试模型各有优缺点，V 模型和 W 模型与开发模型相对应，非常正规，但实践性稍弱；H 模型代表了迭代，由于没有和开发相对应，有时候难以确认测试就绪点，对于缺乏经验的软件测试人员更是如此；X 模型强调了单元测试、集成测试及探索性测试，实用性较强，但并没有涵盖整个开发周期，比如软件设计阶段，形成了不完整的模型。总之，人们总是在不断地探索未知的领域来完善已有的理论。

第三章　白盒测试分析

白盒测试又称结构测试或逻辑驱动测试，是针对被测试程序单元内部如何工作的测试，特点是基于被测试程序的源代码，而不是软件的需求规格说明。本章主要内容为白盒测试分析，分别介绍了软件测试方法概述、静态测试和白盒测试。

第一节　软件测试方法概述

为了保证软件的质量和可靠性，应力求在分析、设计等各个开发阶段结束前，对软件进行严格的技术评审。但由于人们能力的局限性，审查不能发现所有的错误，在编码阶段还会引进大量的错误。这些错误和缺陷如果遗留到软件交付投入运行之时，终究会暴露出来。但到那时，不仅改正这些错误的代价更高，而且往往造成很恶劣的后果。软件测试就是在软件投入运行前，对软件需求分析、设计规格说明和编码的最终审查，是软件质量保证的关键步骤。

软件测试方法是为了更好地实现软件测试的目的而提出的途径和优良做法，其内容非常丰富，依据不同的目的，站在不同的角度会有不同的分类结果。通常有如下几种分类方法。

①站在对被测对象内部实现情况了解程度的角度，可分为白盒测试、灰盒测试和黑盒测试。

②站在是否执行被测系统的角度，可分为静态测试和动态测试。

③站在测试工具支持的角度，可分为手工测试和自动测试。

④站在被测内容的角度，可分为功能测试、结构测试和非功能性测试。

⑤站在以显示被测对象是否工作的角度，可分为正向测试和反向测试。

⑥站在测试过程推进的角度，可分为单元测试、集成测试、系统测试、验收测试。

在实际的测试过程中，通常依据不同的测试需求和考虑因素，需要综合运用这些测试方法以达到尽可能多地发现被测对象中缺陷的目的。

一、白盒测试、灰盒测试和黑盒测试

白盒测试和黑盒测试是非常经典的两类测试方法。

①白盒测试（White-box Testing）是基于被测对象的内部结构进行的测试。例如，对于代码而言，白盒测试可以发现代码中是否存在表达式错误、关系运算符错误、逻辑运算符错误、变量重复定义等缺陷。这种测试方法有时也被称为透明盒或玻璃盒测试（Glass-box Testing）。

②黑盒测试（Black-box Testing）指把被测对象看成一个不透明的黑盒，在完全不考虑被测对象内部实现的情况下进行的测试。黑盒测试一般依据软件的需求规格说明书进行，通过被测对象外部行为的表现判断其是否存在缺陷。

③灰盒测试（Grey-box Testing）是白盒测试和黑盒测试的混合体，它是在部分了解被测对象实现的情况下进行的测试。类似于黑盒测试，灰盒测试是通过被测对象表现出的行为判断其内部是否存在缺陷。但不同于黑盒测试的是，在进行灰盒测试时，软件测试人员对被测对象有一定的了解，这种了解有助于进行高质量的测试。

二、静态测试和动态测试

有关数据显示，相同的缺陷发现越早其修复成本越低。在没有一行代码或者代码已经存在但是系统还无法运行的情况下是否可以进行测试？答案是可以进行。软件测试按照是否通过运行软件系统进行测试可分为静态测试和动态测试。

①静态测试（Static Testing）指不运行软件系统，而是通过采用检查或者评审的方式寻找被测对象中的缺陷的测试。软件开发过程中产生的各类文档（比如软件需求规格说明书、设计说明书、用户手册甚至开发日志等），只要有必要均可以采用静态测试。对于软件中的代码，可以在运行之前先进行静态分析、代码走读等静态测试。静态测试让软件研发人员在项目初期就能进行测试，而不是一定要等待系统完成之后。这样做不仅有利于降低软件开发的成本，而且有利于降低项目风险，提高开发成功率。

②动态测试（Dynamic Testing）指运行系统进行的测试。动态测试可能是大多数人认为的测试，即通过运行软件进行的测试。动态测试虽然是测试的主要组

成部分，其工作量也占整个项目工作量的 40% ～ 50%，但在实际的项目中仅进行动态测试是不可取的。为了降低项目的成本，降低由于在项目后期发现严重缺陷而导致项目失败的风险，在实际项目中通常采用动静结合的测试策略。本书中，如果没有特指，“测试”一词指的就是动态测试。

三、手工测试和自动测试

测试的执行者可以是人也可以是工具。

①手工测试（Manual Testing）指在不借助测试工具的情况下，完全由人完成的对软件产品的测试。由于软件测试结果由人判断的灵活性和准确性较高，同时受限于组织的测试过程成熟度情况及自动化测试理论方法和工具的发展，目前半数以上的测试工作都是通过完全的手工测试完成的。

②自动化测试（Automated Testing）指通过测试工具或者其他手段，按照测试工程师的预定计划对软件产品进行的测试。软件测试中存在大量重复的行为，不仅使得软件测试的成本居高不下，更重要的是让测试者产生厌倦心理，影响工作质量。因此，人们借用工具解决重复的问题，在提高测试质量的同时降低测试成本。随着软件测试技术的发展，自动化测试将会逐步成为软件测试的主流。

四、功能测试、结构测试和非功能性测试

在软件研发活动中，测试的内容通常围绕着三个方面进行：功能测试、结构测试和非功能测试。

①功能测试（Functional Testing）指依据功能需求规格说明书评估被测对象的功能是否符合需求的测试活动。功能测试不同于黑盒测试，功能测试属于测试的内容，而黑盒测试则是测试的方法，黑盒测试的思想同样可以应用于非功能测试上。

②结构测试（Structured Testing）指基于被测对象的内部结构或者逻辑寻找缺陷的测试活动。这类测试通常基于代码，采用白盒测试的方法。

③非功能测试（Non-Functional Testing）指依据非功能需求规格说明书评估被测系统的某些整体属性，如性能测试、安全性、易用性等是否符合需求的测试活动。非功能测试通常比较难于进行，是测试领域的高级话题。

五、正向测试和反向测试

软件测试实践经验表明，软件经常在异常条件或无效输入时表现出不正常的

行为。因此，在进行测试时，不仅要考虑在正常情况下，被测对象的行为是否符合要求；还要考虑在异常或错误条件下，被测系统的行为是否合理。

①正向测试（Positive Testing）指以验证被测对象的正常行为为测试目标，根据其行为表现判断被测对象中是否存在缺陷的一种测试方法。

②反向测试（Negative Testing）指以破坏被测对象的正常行为为测试目标，根据其行为表现判断被测对象中是否存在缺陷的一种方法。通常，在进行反向测试时，软件测试人员会提供无效输入或者异常行为。

六、单元测试、集成测试和系统测试

一个完整的应用系统通常由不同的子系统组成，每个子系统中又由若干零部件构成。在系统的研发过程中，考虑到测试、缺陷定位和修改的难易程度及成本，测试过程通常按照被测对象粒度的大小分成不同的级别，由小到大逐步进行。首先，进行最小粒度的单元测试；接着，进行单元和单元之间接口交互的集成测试；最后，将不同的子系统组装成一个完整的系统进行系统层面的测试。

①单元测试（Unit Testing）以构成软件的基本单位为测试对象，验证其功能是否正常，是否符合设计要求。本书的六章讨论了与单元测试相关的内容。

②集成测试（Integration Testing）将经过单元测试的软件组成单位按照设计要求组装成子系统或系统，以验证按设计要求组合在一起的各单元是否能够按照既定的意图协作。

③系统测试（System Testing）将已经集成好的软件系统作为整个基于计算机系统的一个元素，与计算机硬件、外设、某些支持软件、数据和人员等其他系统元素结合在一起，在实际运行环境下，对应用系统进行一系列组装和确认测试，以验证系统是否符合用户需求。

第二节　静态测试

静态测试的最大特点就是不需要执行被测软件就能完成。这是与动态测试相对而言的，动态测试需要执行一次或多次被测软件。静态测试能够以相当低的代价发现软件当中的缺陷，包括需求文档及其他与软件相关文档中的二义性和错误。当动态测试成本高昂时，非常适用。当然，静态测试与动态测试是互补的，各组织通常更倾向于动态测试，而不太重视静态测试，这种做法并不特别好。

静态测试最好由未参加代码编写的个人或小组来完成。如图 3-2-1 所示，为静态测试的一个过程示例。静态测试小组能够接触到需求文档、源程序代码和诸如设计文档、用户手册等所有相关文档。静态测试小组还能够使用一个或多个静态分析工具。静态分析工具以源程序代码作为输入，产生大量的在测试过程中有用的数据。

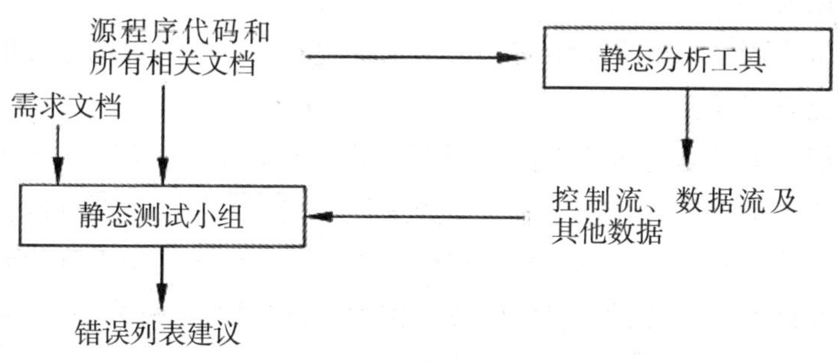

图 3-2-1　静态测试的一个过程示例

一、走查

走查与审查是静态测试的重要组成部分。走查是一个非正式的过程，其目的是检查所有与源程序代码相关的文档。例如，需求文档是通过需求走查来检查的，源程序代码是通过代码走查（也称同行代码评审）来检查的。

在开始走查之前需要制订一个走查计划，计划要得到走查小组中所有成员的同意。被查文档的每一个部分（比如源代码模型）都要根据事先明确规定的目标进行检查。走查要生成详细的报告，列出涉及被查文档的相关信息。

在需求走查中，走查小组必须检查需求文档，确保需求满足用户的要求，并且没有模棱两可和不一致的部分。对需求的检查，还可增强走查小组对“究竟希望软件系统干什么”的理解，对功能性需求和非功能性需求都要进行检查。需求走查要生成详细的报告，列出涉及需求文档的相关信息。

二、审查

相比走查，审查是一个更加正规的过程。该术语常常与代码联系在一起。多家组织认为，正规的代码审查是一种比动态测试更省成本的提高代码质量的手段。已有多家组织声称，采用代码审查可以极大地提高生产率和软件质量。

代码审查通常由一个小组来完成，审查小组按照审查计划开展工作。审查计划包含以下要素：

①审查目的。

②被审查的工作产品，包括源程序代码及需要审查的相关文档。

③审查小组的组成、角色、职责。

④审查进度。

⑤数据采集表格，审查小组用来记录发现的缺陷、编码规则违背情况、各项审查工作所花时间等。

审查小组的成员分为协调人员、阅读人员、记录人员、编程人员等角色。协调人员负责整个审查过程并领导整个审查工作。阅读人员负责阅读源代码，可能要借助代码浏览器及大屏幕显示器，以便全组人员都能方便地看到代码。记录人员记录所有发现的错误及讨论过的问题。编程人员是被审查代码的实际开发者，其在审查中的主要职责就是帮助其他成员理解代码。审查过程必须是友好而非对立的，这一点非常重要。

三、静态分析工具

静态结构分析主要是以图形的方式表现程序的内部结构，如函数的调用关系图、函数内部控制流图。静态分析工具能够提供控制流和数据流信息。控制流信息用控制流图（CFG）来表示，有助于审查小组判断不同条件下控制流的流向。CFG 附带上数据流信息便构成了数据流图。可以对 CFG 的每一个结点附加上变量定义及引用表。这些信息对审查小组理解代码及发现可能的缺陷非常有用。

第三节　白盒测试

一、白盒测试简介

白盒测试又称结构测试、透明盒测试、逻辑驱动测试或基于代码的测试。白盒测试是一种测试用例设计方法，“盒子”指的是被测试的软件，“白盒”指的是盒子内部是可见的。

白盒测试是一种基于软件内部路径、结构和代码实现基础上的软件测试策略。白盒测试的目的是通过检查软件内部的逻辑结构，对软件中的数据引用、定义进行数据测试，对程序的逻辑路径进行覆盖测试。在程序的不同地方设立检查点，检查程序的状态，以确定实际运行状态与预期状态是否一致。

基于结构的测试技术的共同特点如下。

①可根据软件的结构信息获取测试用例，比如软件代码和软件设计。

②可通过已有的测试用例测量软件的测试覆盖率，并且可通过增加测试用例来提高软件的测试覆盖率。

二、白盒测试的分类

按照是否运行软件，白盒测试可以分为静态白盒测试和动态白盒测试。

①静态白盒测试（Static White Box Testing）是一种不通过执行程序而进行软件测试的技术。它用于检查软件产品的表达和描述是否与实际的要求一致，有没有冲突或者歧义。软件产品的评审属于静态白盒测试。

②动态白盒测试（Dynamic White Box Testing）是一种通过设计测试用例，运行软件执行测试用例来达到测试目的的技术。动态白盒测试的主要特点是让软件系统在模拟的或真实的环境中执行，并对软件系统的运行行为进行分析。

具体的白盒测试方法有程序控制流分析、数据流分析、逻辑覆盖测试、域测试、符号测试、路径分析、程序插桩及程序变异等。其中多数方法比较成熟，具有较高的实用价值，比如数据流分析等。

三、白盒测试的适应范围

白盒测试能够应用到软件开发生命周期的各个阶段，包括需求分析、概要设计、详细设计、编码和测试等。

在软件开发前期阶段，包括需求分析、概要设计及详细设计阶段，通常采用静态白盒测试的方法对软件的需求、设计进行评审。在这个阶段进行的静态白盒测试是基于软件的需求说明书和设计文档，并没有针对软件代码，但在这个阶段发现的问题只需花费很低的代价即可修复，因此该阶段的测试越来越被软件开发公司及测试人员所重视。

通常所指的白盒测试涵盖的软件开发生命周期的阶段，如图 3-3-1 所示。

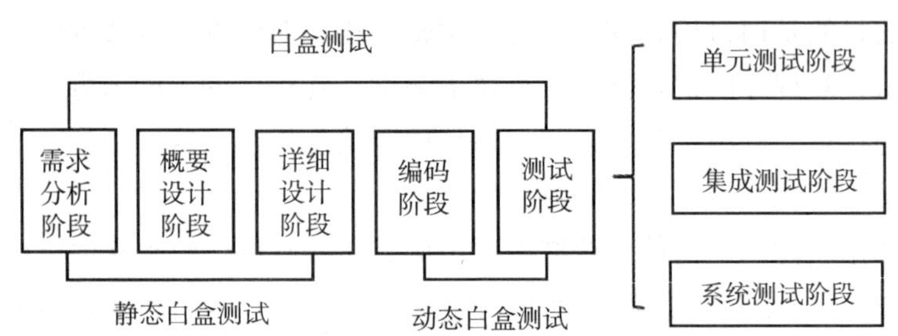

图 3-3-1　通常所指的白盒测试涵盖的软件开发生命周期的阶段

图 3-3-1 涵盖了除可行性研究之外的所有软件开发生命周期，时间是从左到右。对于最左端的需求分析、概要设计、详细设计三个阶段由于还不存在代码，主要使用评审技术进行测试，不属于本章讨论的白盒测试范围。对于最右端的测试阶段而言，从上到下又分三个阶段：单元测试阶段、集成测试阶段、系统测试阶段。通常而言，单元测试应紧接在编码之后，当源程序编制完成并通过复审和编译检查后，便可开始单元测试。测试阶段的最后一个阶段——确认测试阶段没有在图 3-3-1 中列出，说明白盒测试不适用于确认测试，确认测试通常采用黑盒测试。

对于白盒测试而言，是测试粒度最细的测试，适用于开发初期。越到开发后期，比如集成测试及系统测试，使用白盒测试就越少。这是因为白盒测试基于设计和代码的细节。在开发初期，这些细节还不复杂，容易进行白盒测试；到了开发后期，比如已经构成整个软件系统，再分析软件的内部代码，特别是多个模块的相互融合与影响变得非常复杂，这将很难再使用白盒测试。此时就需要采用其他粒度比较粗的测试技术，比如黑盒测试。

四、白盒测试过程

动态白盒测试的基本流程如图 3-3-2 所示。

（一）测试设计

分析测试软件的内部实现，依据程序设计说明书，按照一定规范化的方法进行软件结构划分，识别被测软件的工作路径等。

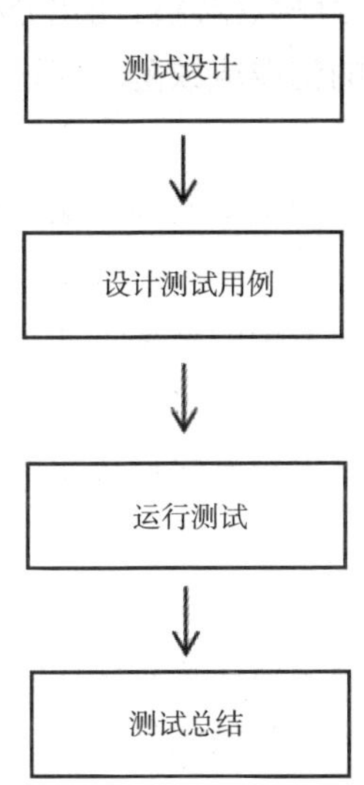

图 3-3-2　动态白盒测试的基本流程

（二）设计测试用例

设计测试用例，根据确定的测试技术选择测试输入，比如被测路径，并确定期望的测试结果。设计测试用例时应简单描述该用例的目的。

（三）运行测试

运行被测软件，将测试用例作为输入数据，记录软件实际的运行结果。

（四）测试总结

比较实际输出和期望输出的异同，做出被测软件某方面正确性的判断。

五、白盒测试的优缺点

每种测试技术都不可能完全测试软件产品的所有内容，任何一种测试技术都有其适用范围及特点。下面介绍白盒测试的优缺点。

（一）优点

①具有一定的理论基础保证，可以识别和测试代码中的每条分支路径，对代码的测试比较彻底，可以证明测试工作的完整性。

②白盒测试的基本理论是程序数据流自动化分析的基础。

③可以揭示隐藏在代码中的错误或缺陷，保证程序中没有不该存在的代码，比如“后门”。

④可以保证程序中没有遗漏的重要处理分支，比如与“if”语句相对应的“else”语句。

⑤可以减小程序中通用错误发生的概率，通过代码检查可以很容易发现程序中的笔误、代码混乱、不严格、不完整等问题。

⑥在测试代码的过程中，可以容易定位代码的错误，为修改软件错误提供强有力的支持。

⑦可以对程序员起到监督的作用，迫使程序员去思考软件的实现，使程序员更加注意自己的代码风格、代码完整性及对于代码的自我审查。

⑧可以根据软件的内部结构进行最优化测试。

（二）缺点

①测试的执行路径可能非常多，造成无法实现完全的路径测试。

②白盒测试假设控制流是正确的，测试人员只基于存在的路径进行测试，对于不存在的路径则无法测试。

③测试人员必须具备编程知识。可能有很多测试人员并不具备这种知识，将无法进行白盒测试，比如财会人员就无法对财务软件进行白盒测试。

④通常而言，由于涉及代码分析，白盒测试的效率不高，导致测试成本居高不下。

这里需要注意的是，任何事物都有好的一面和坏的一面，只是哪一面更多一些而已。有时并不能确切地知晓哪一面更多，所以人们做的很多事情都是权衡的结果。

六、典型的白盒测试方法

（一）逻辑覆盖测试

在白盒测试方法中，有选择地执行程序中某些最有代表性的通路是代替穷举测试的唯一可行的方法。所谓逻辑覆盖测试是对一系列测试的总称，这些测试覆盖源程序语句的程度有所不同。这种方法要求测试人员对程序的逻辑结构有清楚的了解，甚至要能掌握源程序的所有细节。逻辑覆盖按照覆盖程度由高到低的顺序，大致分为以下覆盖标准。

1. 语句覆盖

语句覆盖就是设计若干个测试用例，运行被测程序，使得每一可执行语句至少执行一次。这种覆盖又称为点覆盖，使得程序中每个可执行语句都能得到执行，但它是最弱的逻辑覆盖标准，效果有限，必须与其他方法交互使用。如图 3-3-3 所示的流程图描绘了一个被测试模块复合判定的例子。

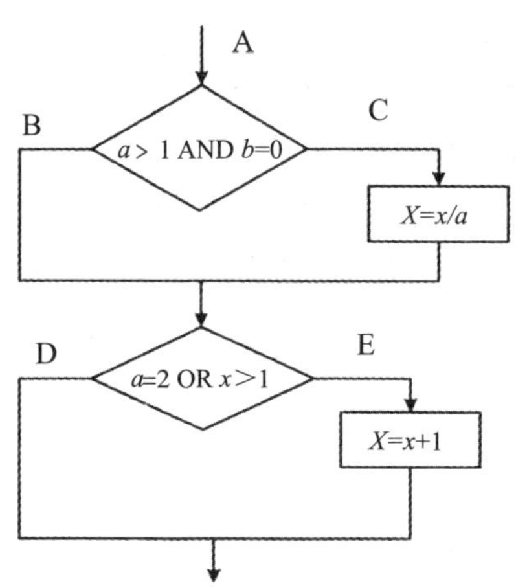

图 3-3-3　被测试模块复合判定的例子

每个语句都执行一次，程序的执行路径应该是 A—B—C—D—E，比如输入下面的测试数据就可以覆盖该路径：

$$a=2，b=0，x=3\text{（}x\text{ 可以是任意数）}$$

语句覆盖较弱。在上面例子中，两个判断条件都只测试了条件为真的情况；如果条件为假则处理会出现错误，显然不能发现。因此，该测试不充分，无法发现程序中某些逻辑运算符和逻辑条件的错误。

2. 判定覆盖

判定覆盖就是设计若干个测试用例运行被测程序，使得程序中每个判断的取真分支和取假分支至少经历一次。判定覆盖又称为分支覆盖。

对于如图 3-3-3 所示的被测试模块，能够覆盖路径 A—B—C—D—E 和 A—B—D，或能够覆盖路径 A—B—E—D 和 A—B—D—E 的两组测试数据，都可满足判定覆盖标准的要求。

$$a = 3,\ b = 0,\ x = 3$$（覆盖路径 A—B—C—D—E）

$$a = 1,\ b = 1,\ x = 1$$（覆盖路径 A—B—D）

判定覆盖只比语句覆盖稍强一些，但实际效果表明，判定覆盖还不能保证一定能查出在判断条件中存在的错误。因此，还需要更强的逻辑覆盖准则去检验、判断内部条件。

3. 条件覆盖

条件覆盖就是设计若干个测试用例，运行被测程序，使得程序中每个判断的每个条件的可能取值至少执行一次。

对于如图 3-3-3 所示的被测试模块，共有两个判定表达式，每个表达式中又有两个条件，为了做到条件覆盖，应该选取测试数据使得在 A 处有下述结果出现：

$$a > 1,\ b = 0;\ a = 2,\ x > 1$$

在 B 处有下述结果出现：

$$a \leqslant 1,\ b \neq 0;\ a \neq 2,\ x \leqslant 1$$

设计下面两组测试数据满足条件覆盖标准的要求：

$a = 2, b = 0, x = 4$（满足 $a > 1, b = 0$; $a = 2, x > 1$, 执行路径 A—B—C—D—E）

$a = 1,\ b = 1,\ x = 1$（满足 $a < 1,\ b \neq 0$；$a \neq 2,\ x \leqslant 1$，执行路径 A—B—D）

条件覆盖深入判定中的每个条件，但可能不能满足判定覆盖标准的要求。例如，如果使用下面两组测试数据，则只满足条件覆盖标准的要求，并不满足判定覆盖标准的要求：

$a = 2, b = 0, x = 1$（满足 $a > 1, b = 0$; $a = 2, x \leqslant 1$, 执行路径 A—B—C—D—E）

$a = 1,\ b = 1,\ x = 2$（满足 $a \leqslant 1,\ b \neq 0$；$a \neq 2$，$x > 1$，执行路径 A—B—D—E）

4. 判定 / 条件覆盖

判定 / 条件覆盖就是设计足够的测试用例，使得判断中每个条件的所有可能取值至少执行一次，同时每个判断本身的所有可能判断结果至少执行一次，换言之，即要求各个判断的所有可能的条件取值组合至少执行一次。

对于如图 3-3-3 所示的被测试模块，下面两组测试数据能够满足判定 / 条件覆盖标准的要求：

$a = 2$，$b = 0$，$x = 4$（满足 $x > 1$，$b = 0$；$a = 2$，$x > 1$）

$a = 1$，$b = 1$，$x = 1$（满足 $a \leqslant 1$，$b \neq 0$；$a \neq 2$，$x \leqslant 1$）

判定 / 条件覆盖有缺陷。从表面上来看，它测试了所有条件的取值。但是事实并非如此，往往某些条件掩盖了另一些条件，会遗漏某些条件取值错误的情况。为彻底地检查所有条件的取值，需要将判定语句中给出的复合条件表达式进行分解，形成由多个基本判定语句嵌套的流程图，单个条件判定的嵌套结构如图 3-3-4 所示。这样就可以有效地检查所有的条件是否正确了。

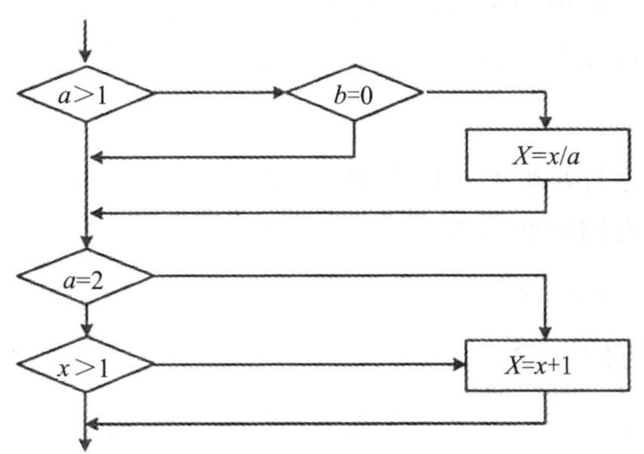

图 3-3-4　单个条件判定的嵌套结构

5. 条件组合覆盖

条件组合覆盖（多重条件覆盖）就是设计足够的测试用例，运行被测程序，使得每个判断的所有可能的条件取值组合至少执行一次。

对于图 3-3-3 中的条件，有以下组合。

① $a > 1$，$b = 0$。

② $a > 1$，$b \neq 0$。

③ $a \leqslant 1$，$b = 0$。

④ $a \leqslant 1$，$b \neq 0$。

⑤ $a = 2$，$x > 1$。

⑥ $a = 2$，$x \leqslant 1$。

⑦ $a \neq 2$，$x > 1$。

⑧ $a \neq 2$，$x \leqslant 1$。

下面的 4 组测试数据可以使上面列出的 8 种组合至少出现一次：

① $a = 2$，$b = 0$，$x = 3$（针对①和⑤两种组合，执行路径 A—B—C—D—E）。

② $a = 2$，$b = 1$，$x = 1$（针对①和⑥两种组合，执行路径 A—B—D—E）。

③ $a = 1$，$b = 0$，$x = 3$（针对③和⑦两种组合，执行路径 A—B—D—E）。

④ $a = 1$，$b = 1$，$x = 1$（针对④和⑧两种组合，执行路径 A—B—D）。

条件组合覆盖是一种相当强的覆盖准则，可以有效地检查各种可能的条件取值的组合是否正确。它不但可覆盖所有条件的可能取值的组合，还可覆盖所有判断的可取分支，但可能有的路径会遗漏掉。测试仍不完全。

6. 路径覆盖

路径覆盖就是设计足够的测试用例，覆盖程序中所有可能的路径。这是最强的覆盖准则。但是在路径数目很大时，真正做到完全覆盖是很困难的，必须把覆盖路径数目压缩到一定限度。

（二）控制结构测试

根据程序的控制结构设计测试数据称为控制结构测试。下面介绍几种常用的控制结构测试技术。

1. 基本路径测试

一个程序可能有若干条不同的路径。一个没有条件语句的程序只包含一条从入口开始到出口结束的路径。如果程序中包含条件语句，每增加一个条件语句，至少增加一条不同的路径。据其位置不同，条件语句可能引起路径的数目呈指数级增长。

同样，循环语句的存在大大增加路径的数量，每遍历一次循环体，就相当于给程序增加了一个条件语句，路径数量也就相应加 1。有时，循环的执行次数依赖于输入的数据，在程序执行之前是无法确定的。所以要确定程序中的路径数量是非常困难的。

在不能做到所有的路径覆盖的情况下，若能使程序中的每一个独立的路径都被执行到，那么就可以认为程序中的每一个语句都已经检验到了，也就说达到了语句覆盖。

所谓基本路径指程序中至少引进一条新的语句或一个新的条件的任一路径。

基本路径测试又称独立路径测试，是在程序控制流图的基础上，通过分析控制结构的环路复杂性，导出基本可执行路径集合，从而设计出相应的测试用例的方法。

基本路径测试的基本步骤如下。

①根据程序设计结果导出程序流程图的控制流图。

②计算程序的环路复杂度。

③导出基本路径集，确定程序的独立路径。

④根据独立路径，设计相应的测试用例。

在做基本路径测试时需要先画出程序的控制流图并计算程序的环型复杂度，下面先介绍程序的控制流图和环形复杂度。

（1）程序的控制流图

控制流图是描述程序控制流的一种图示方法。基本控制构造的图形符号如图 3-3-5 所示。符号“○”称为控制流图的一个节点，一组顺序处理框可以映射为一个单一的节点。控制流图中的箭头称为边，它表示了控制流的方向，在选择结构或多分支结构中，分支汇聚处即使没有执行语句也应该有一个汇聚节点。边和节点圈定的部分叫作区域。当对区域计数时，图形外的区域也应记为一个区域。

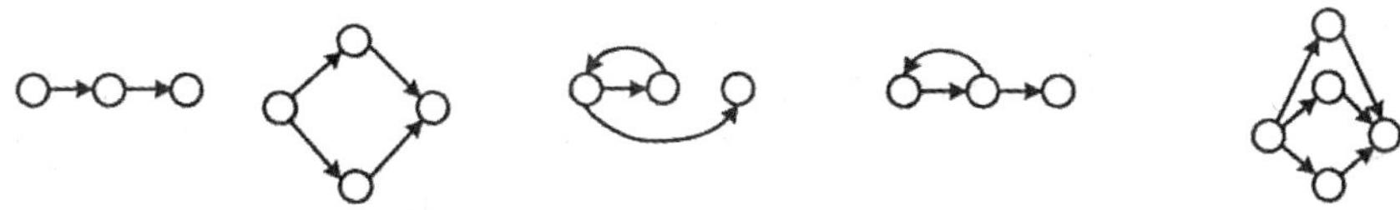

（a）顺序结构（b）IF 选择结构（c）WHILE 重复结构（d）UNTIL 重复结构（e）CASE 多分支结构

图 3-3-5　控制流图的各种图形符号

如果一个判定中的条件是复合条件，即条件表达式是由一个或多个逻辑运算符（OR，AND，NAND，NOR）连接的逻辑表达式时，则需要改复合条件的判定为一系列只有单个条件的嵌套的判定。例如对应图 3-3-6（a）中复合条件的判定，应该画成如图 3-3-6（b）所示的控制流图。条件语句“if a OR b”中，条件 a 和条件 b 各有一个只有单个条件的判定节点。

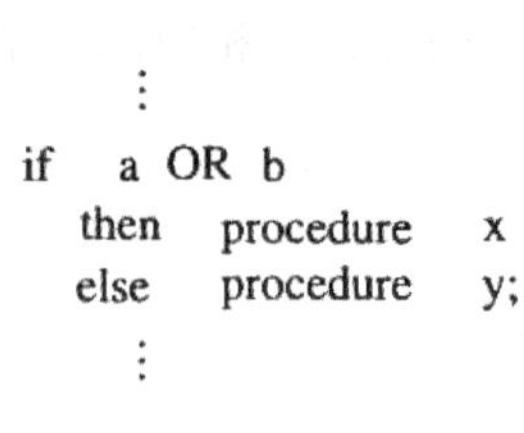

(a) 复合条件表达式的判定

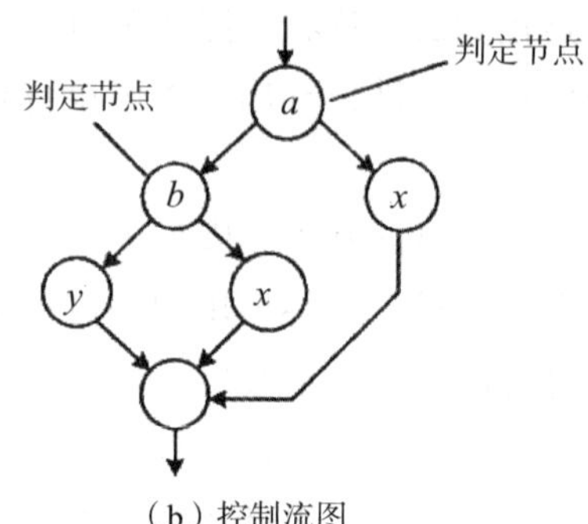

(b) 控制流图

图 3-3-6　复合逻辑下的控制流图

(2) 程序的环形复杂度

在进行程序的基本路径测试时，程序的环形复杂度给出了程序基本路径集中的独立路径条数，这是确保程序中每个可执行语句至少执行一次所必需的测试用例数目的上界。

所谓独立路径，指包括一组以前没有处理的语句或条件的一条路径。如图 3-3-7 (a) 所示的控制流图中，一组独立的路径如下：

路径 1：1—11

路径 2：1—2—3—4—5—10—1—11

路径 3：1—2—3—6—8—9—10—1—11

路径 4：1—2—3—6—7—9—10—1—11

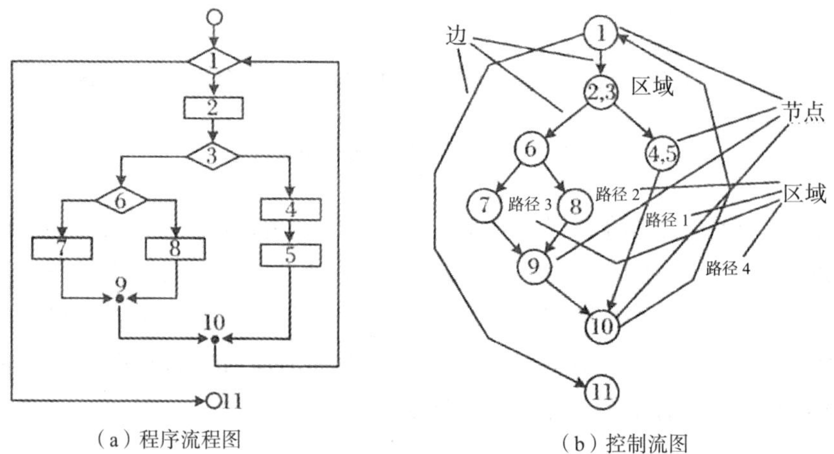

(a) 程序流程图　　(b) 控制流图

图 3-3-7　程序流程图及其对应的控制流图

路径 1、路径 2、路径 3、路径 4 组成了如图 3-3-7（b）所示的控制流图的一个基本路径集。只要设计出的测试用例能够确保这些基本路径的执行，就可以使得程序中的每个可执行语句至少执行一次，每个条件的取真分支和取假分支也能得到测试。基本路径集不是唯一的，对于给定的控制流图可以得到不同的基本路径集。

通常，环形复杂度可用以下三种方法求得。

①将环形复杂度定义为控制流图中的区域数。

②设 E 为控制流图的边数，N 为图的结点数，则定义环形复杂度为 $V(G)=E-N+2$。

③若设 P 为控制流图中的判定节点数，则有 $V(G)=P+1$。

因为图 3-3-7（b）中有 4 个区域，其环形复杂度为 4。它是构成基本路径集的独立路径数的上界，可以据此得到应该设计的测试用例的数目。

基本路径测试可按下列步骤设计测试用例。

第一步，以详细设计或源代码作为基础，导出程序的控制流图。

第二步，计算控制流图 G 的环形复杂度 $V(G)$。

第三步，确定独立路径的集合，即确定线性无关的路径的基本集合。

第四步，测试用例生成，确保基本路径集中每条路径的执行。

2. 条件测试

程序中的条件分为简单条件和复合条件。简单条件是一个布尔变量或一个关系表达式（可加前缀 NOT），复合条件是由简单条件通过逻辑运算符（AND，OR，NOT）和括号连接而成的。如果条件出错，至少是条件中某一成分有错。条件中可能的出错类型包括布尔运算符错、布尔变量错、布尔括号错、关系运算符错、算术表达式错。

如果在一个判定的复合条件表达式中每个布尔变量和关系运算符最多只出现一次，而且没有公共变量，应用一种称为 BRO（分支与关系运算符）的测试法可以发现多个布尔运算符或关系运算符错，以及其他错误。

3. 循环测试

循环分为 4 种不同类型，即简单循环、嵌套循环、连锁循环和非结构循环，如图 3-3-8 所示。

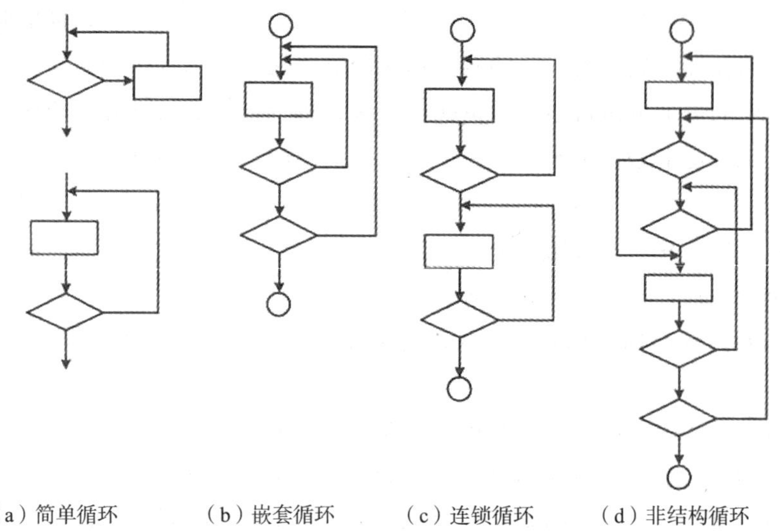

图 3-3-8　循环的分类

对于简单循环，测试应包括以下 5 种，其中，n 表示循环允许的最大次数。

①零次循环：从循环入口直接跳到循环出口。

②一次循环：查找循环初始值方面的错误。

③二次循环：检查在多次循环时才能暴露的错误。

④ m 次循环：此时的 $m < n$，也是检查在多次循环时才能暴露的错误。

⑤最大次数循环、比最大次数多一次的循环、比最大次数少一次的循环。

对于嵌套循环，不能将简单循环的测试方法直接扩大到嵌套循环，因为可能的测试数目将随嵌套层次的增加呈几何级数增长，这可能导致一个天文数字的测试数目。下面给出一种有助于减少嵌套循环测试数目的测试方法。

①从最内层循环开始，设置所有其他层的循环为最小值。

②对最内层循环进行简单循环的全部测试。测试时保持所有外层循环的循环变量为最小值。另外，对越界值和非法值进行类似的测试。

③逐步外推，对其外面一层循环进行测试。测试时保持所有外层循环的循环变量取最小值，所有其他嵌套内层循环的循环变量取“典型”值。

④反复进行，直到所有各层循环测试完毕。

⑤对全部各层循环同时取最小循环次数，或者同时取最大循环次数。对于后一种测试，由于测试量太大，需人为指定最大循环次数。

对于连锁循环，要区别两种情况。如果各个循环互相独立，则连锁循环可以用与简单循环相同的方法进行测试。例如，有两个循环处于连锁状态，则前一个循环的循环变量值就可以作为后一个循环的初值。但如果几个循环不是互相独立的，则需要使用测试嵌套循环的办法来处理。

对于非结构循环，应该使用结构化程序设计方法重新设计测试用例。

第四章　黑盒测试分析

黑盒测试属于穷举输入测试方法，即将所有可能的输入条件作为测试用例，以此来检查程序中相关的错误。本章主要内容为黑盒测试分析，分别介绍了等价类划分测试、边界值测试、决策表测试和因果图测试。

第一节　等价类划分测试

一、等价类划分概述

等价类划分是黑盒测试用例设计中一种常用的设计方法，它将不能穷举的测试过程进行合理分类，从而保证设计出来的测试用例具有完整性和代表性。

等价类划分是把所有可能的输入数据（程序的输入域）划分成若干部分（子集），然后从每一个子集中选取少数具有代表性的数据作为测试用例。所谓等价类是指输入域的某个子集合，所有等价类的并集就是整个输入域。在等价类中，各个输入数据对于揭露程序中的错误都是等效的，它们具有等价特性。因此，测试某个等价类的代表值就等价于对这一类中其他值的测试。也就是说，如果某一类中的一个例子里发现了错误，这一等价类中的其他例子里也能发现同样的错误；反之，如果某一类中的一个例子里没有发现错误，则这一类中的其他例子里也不会查出错误。

软件不能只接收合理有效的数据，也要具有处理异常数据的功能，这样的测试才能确保软件具有更高的可靠性。因此，在划分等价类的过程中，不但要考虑有效等价类划分，也要考虑无效等价类划分。

①有效等价类是对软件规格说明来说，由合理、有意义的输入数据所构成的集合。利用有效等价类可以检验程序是否满足规格说明所规定的功能和性能。

②无效等价类则与有效等价类相反，即由不满足程序输入要求或者无效的输入数据所构成的集合。利用无效等价类可以检验程序对异常情况的处理能力。

在设计测试用例时，首先必须在分析需求规格说明的基础上划分等价类，然后列出等价类表。

二、等价类划分原则

①如果规定了输入条件的取值范围或个数，就可以确定一个有效等价类和两个无效等价类。例如，程序要求输入的数值是从 10 到 20 之间的整数，则有效等价类为“大于或等于 10 而小于或等于 20 的整数”，两个无效等价类为“小于 10 的整数”和“大于 20 的整数”。

②如果规定了输入值的集合，则可以确定一个有效等价类和一个无效等价类。例如，程序要进行平方根函数的运算，则“大于或等于 0 的数”为有效等价类，“小于 0 的数”为无效等价类。

③如果规定了输入数据的一组值，并且程序要对每一个输入值分别进行处理，则可为每一个值确定一个有效等价类，此外根据这组值确定一个无效等价类，即所有不允许的输入值的集合。例如，程序规定某个输入条件 x 的取值只能为集合 {1，3，5，7} 中的某一个，则有效等价类为 x=1，x=3，x=5，x=7，程序对这 4 个数值分别进行处理，无效等价类为 $x \neq 1$，3，5，7 的值的集合。

④如果规定了输入数据必须遵守的规则，则可以确定一个有效等价类和若干个无效等价类。例如，程序中某个输入条件规定必须为 4 位数字，就可划分一个有效等价类为“输入数据为 4 位数字”，三个无效等价类分别为“输入数据中含有非数字字符”“输入数据少于 4 位数字”“输入数据多于 4 位数字”。

⑤如果已知的等价类中各个元素在程序中的处理方式不同，则应将该等价类进一步划分成更小的等价类。

在确立了等价类之后，建立等价类表，列出所有划分出的等价类，如表 4-1-1 所示。

表 4-1-1　等价类表

输入条件	有效等价类	无效等价类
……	……	……
……	……	……

再根据已列出的等价类表，按以下步骤确定测试用例。

①为每一个等价类规定一个唯一的编号。

②设计一个新的测试用例，使其尽可能多地覆盖尚未被覆盖的有效等价类，重复这个过程，直至所有的有效等价类均被测试用例所覆盖。

③设计一个新的测试用例，使其仅覆盖一个无效等价类，重复这个过程，直至所有的无效等价类均被测试用例所覆盖。

三、常见等价类划分测试用例设计

针对是否对无效数据进行测试，可以将等价类划分测试分为标准等价类测试和健壮等价类测试。

（一）标准等价类测试

标准等价类测试不考虑无效数据值，测试用例使用每个等价类中的一个值。通常，标准等价类测试用例的数量和最大等价类中元素的数目相等。

以三角形问题为例，要求输入三个整数 *a*，*b*，*c*，分别作为三角形的三条边，取值范围为 1 ～ 100，判断由三条边构成的三角形类型为等边三角形、等腰三角形、一般三角形（包括直角三角形）及非三角形。在多数情况下，是从输入域划分等价类的，但对于三角形问题，从输出域来定义等价类是最简单的划分方法。

因此，利用这些信息可以确定下列值域等价类：

R1=｛＜a，b，c＞：边为 a，b，c 的等边三角形｝

R2=｛＜a，b，c＞：边为 a，b，c 的等腰三角形｝

R3=｛＜a，b，c＞：边为 a，b，c 的一般三角形｝

R4=｛＜a，b，c＞：边为 a，b，c 不构成三角形｝

4 个标准等价类测试用例如表 4-1-2 所示。

表 4-1-2　三角形问题的标准等价类测试用例

测试用例	*a*	*b*	*c*	预期输出
Test Case 1	10	10	10	等边三角形
Test Case 2	10	10	5	等腰三角形
Test Case 3	3	4	5	一般三角形
Test Case 4	1	1	5	不构成三角形

（二）健壮等价类测试

健壮等价类测试的主要出发点是考虑了无效等价类。对于有效输入，测试用例从每个有效等价类中取一个值；对于无效输入，一个测试用例有一个无效值，其他值均取有效值。

健壮等价类测试存在两个问题。

①需要花费精力定义无效测试用例的期望输出。

②对强类型的语言没有必要考虑无效的输入。

四、等价类划分测试用例设计案例

以下是设计等价类划分测试用例的例子。

例：某招生考试，规定考生的年龄在 16 周岁至 25 周岁之间，即出生年月从 1997 年 7 月至 2006 年 6 月。报名程序具有自动检测输入数据的功能，若年龄不在此范围内，则显示拒绝报名的信息。试设计等价类划分测试用例。

解：设计方法如下。

第一，划分有效等价类和无效等价类。假定年龄用 6 位整数表示，前 4 位表示年份，后 2 位表示月份。输入条件有出生年月、数值本身、月份 3 个等价类，并为此划分有效等价类和无效等价类，具体如表 4-1-3 所示。

表 4-1-3　等价类划分

输入条件	有效等价类	无效等价类
出生年月	① 6 位数字字符	②有非数字字符 ③少于 6 位数字字符 ④多于 6 位数字字符
数值本身	⑤ 199707 ～ 200606	⑥ <199707 ⑦ >200606
月份	⑧ 01 ～ 12	⑨等于 00 ⑩ >12

第二设计有效等价类需要的测试用例。为覆盖①⑤⑧ 3 个有效等价类，可以设计一个公用的测试用例，如表 4-1-4 所示。

表 4-1-4　有效等价类测试用例示例

测试数据	预期结果	测试范围
199911	输入有效	①⑤⑧

第三，为每一个无效等价类至少设计一个测试用例，如表 4-1-5 所示。

表 4-1-5　无效等价类测试用例示例

测试数据	预期结果	测试范围
May，79	输入无效	②
19993	输入无效	③
2000112	输入无效	④
199502	年龄不合格	⑥
200903	年龄不合格	⑦
199800	输入无效	⑨
199913	输入无效	⑩

等价类划分测试显然比随机地选择测试用例要优越得多，但它的不足之处是忽略了某些效率较高的测试情况。

五、特殊等价类测试用例

特殊等价类是输入中的 0 值（空字符串）、默认值、非法数据等。这些值通常属于按照某种规则划分的某一等价区间，但由于其特殊性，往往需要程序进行特殊处理，或者出现频率较高的输入，需要把它们单独划分出来，以免测试时遗忘这些容易出现错误的测试点，如表 4-1-6 所示。

表 4-1-6　数值型变量 h 的特殊等价类测试案例

序号	说明	输入值	预期输出值	实际输出值	是否正确
1	0 值	0	0		
2	默认值	80	80		
3	非法数据 1（负数）	−10	报告输入错误		

续表

序号	说明	输入值	预期输出值	实际输出值	是否正确
4	非法数据 2（非数值）	A1	报告输入错误		
…					

非法数据的选择可以有很多种类。非法数据的输入通常由偶然的输入错误造成。如果程序能够对非法数据进行良好的保护，那么说明程序的健壮性很强，但不同人员选择的非法数据会存在差异。

第二节　边界值测试

长期的测试工作经验告诉我们，大量的错误是发生在输入或输出范围的边界上，而不是发生在输入或输出范围的内部。因此，针对各种边界情况设计测试用例，可以查出更多的错误。

一、边界值测试介绍

边界值测试（Boundary Value Testing）又称边界值分析，是一种黑盒测试设计技术，基于边界值进行测试用例的设计，也称边界值覆盖（Boundary Value Coverage）。边界值测试可以应用于所有的测试级别。这种方法相对简单，发现缺陷的能力也比较高，详细的规格说明及基于计算机内部认识的知识对边界值测试也很有帮助。

边界值测试就是对输入或输出的边界值进行测试的一种黑盒测试方法。通常，边界值测试是作为等价类划分测试的补充。这种情况下，其测试用例来自等价类的边界。

二、边界值测试选择测试用例的原则

①如果输入条件规定了值的范围，则应取刚达到这个范围的边界值，以及刚刚超越这个范围边界的值作为测试输入数据。

例如，如果程序的规格说明中规定“重量在 10 ～ 50 kg 范围内的邮件，其邮费计算公式为……”，作为测试用例，我们应取 10 和 50，还应取 10.01，

49.99，9.99 及 50.01 等。

②如果输入条件规定了值的个数，则用最多个数、最少个数、比最少个数少 1、比最多个数多 1 的数作为测试数据。

例如，一个输入文件应包括 1 ～ 255 个记录，则测试用例可取 1 和 255，还应取 0 及 256 等。

③将原则①和②应用于输出条件，即设计测试用例使输出值达到边界值及其左右的值。

例如，某程序的规格说明要求计算出“每月保险金扣除额为 0 至 1 165.25 元”，其测试用例可取 0.00 和 1 165.25，还可取 -0.01 及 1 165.26 等。

再如，其程序属于情报检索系统，要求每次“最少显示 1 条、最多显示 4 条情报摘要”，这时应考虑的测试用例包括 1 和 4，还应包括 0 和 5 等。

④如果程序的规格说明给出的输入域或输出域是有序集合，则应选取集合的第一个元素和最后一个元素作为测试用例。

⑤如果程序中使用了一个内部数据结构，则应当选择这个内部数据结构边界上的值作为测试用例。

⑥分析规格说明，找出其他可能的边界条件。

三、边界值测试的步骤

对于不同的数据类型，可以选择不同的测试边界：对于数字型数据，可以选择数据允许的最大最小值；对于字符串数据，可以选择字符串允许的最大最小长度。

边界值测试的步骤如下。

①分析需求规格说明书找出测试项。

②基于常识，需求规格说明书规定、计算机内部可能的限制、测试项本身的数据类型确定测试项的边界值。

③选择边界值、最靠近边界的合法值及刚超过边界的非法值作为测试用例。

④确定输入条件的预期输出结果。

⑤进行测试。

⑥比较实际输出结果和预期的输出结果。

⑦确认被测试软件功能的正确性。

四、数值型变量的边界值测试

计算机中的数字包括整数和实数。整数比较简单，只需考虑边界值、边界值减 1、边界值加 1。对于实数而言，边界值确定后，最靠近边界的有效实数及无效实数却无法确定，这需要考虑数据本身需要的精度及计算机内部可以表达的数据精度。

假设测量气温，通常采用整数表示，如 24 ℃；测量体温，通常保留 1 位有效小数，如 36.5 ℃。如果超出这个精度范围，比如使用 3 位小数来表达气温，说今天的气温是 21.253 ℃；或者使用 3 位小数来表达体温，说某个人的体温是 36.583 ℃。从常识角度出发，人们会感到非常奇怪。因此，在进行实数测试时，首先需要根据需求规格说明书或已知的常识来确定所选实数的精度，然后再按照这个精度选择边界两边的数值。

五、字符串型变量的边界值测试

除了数值型变量之外，字符串型变量在程序中也占据重要位置，也是测试的一个重点。通常而言，字符串型变量的边界值比较复杂，包括可以输入的字符串长度，允许输入的字符串范围等。为了简化对字符串的边界值测试，可以把字符串的输入长度设定为边界值。对于字符串而言，其长度在 1 和允许的最大长度之间，字符串的长度为 0 是无效的。

字符串长度的边界值一方面可以通过软件需求规格说明书来确定，也可以按照 2 的幂次来寻找，比如 256，即 2^8。

第三节　决策表测试

一、决策表概述

在所有的黑盒测试方法中，基于决策表（判定表）的测试是最为严格、最具有逻辑性的测试方法。决策表是分析和表达多个逻辑条件下执行不同操作情况的工具。由于决策表可以把复杂的逻辑关系和多种条件组合的情况表达得既具体又明确，在程序设计发展的初期，决策表就已被当作编写程序的辅助工具了。

决策表由条件桩、动作桩、条件项和动作项 4 个部分组成，如图 4-3-1 所示。

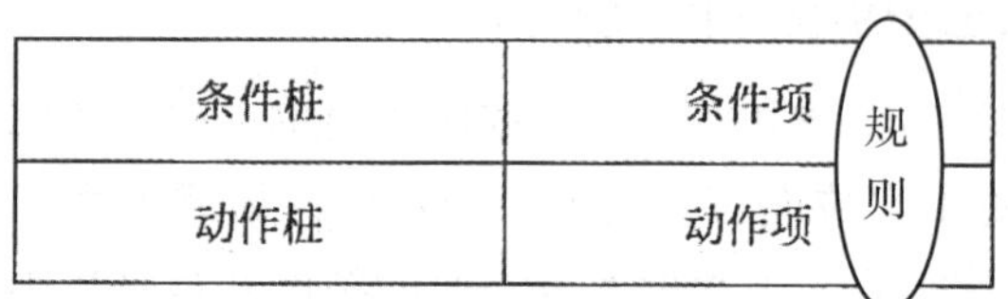

图 4-3-1　决策表组成

①条件桩：列出了问题的所有条件，通常认为所列出条件的先后次序无关紧要。

②动作桩：列出了问题规定可能采取的操作，对这些操作的排列顺序一般没有要求。

③条件项：针对条件桩给出的条件，列出了所有可能的取值。

④动作项：与条件项紧密相关，列出了在条件项的各组取值情况下应该采取的动作。任何一个条件组合的特定取值及其相应要执行的操作称为一条规则，在决策表中贯穿条件项和动作项的一列就是一条规则。显然，决策表中列出多少组条件取值，也就有多少条规则，即条件项和动作项有多少列。

二、决策表构建步骤

构建决策表的 5 个基本步骤如下：

①列出所有的条件桩和动作桩。

②确定规则的个数。

③填入条件项。

④填入动作项，得到初始决策表。

⑤合并相似规则，得到优化决策表。

第四节　因果图测试

前面介绍的等价划分测试和边界值测试都是着重考虑输入条件，但未考虑输入条件之间的联系、相互组合等。考虑输入条件之间的相互组合，可能会产生一些新的情况。但要检查输入条件的组合不是一件容易的事情，即使把所有输入条件划分成等价类，它们之间的组合情况也相当多。因此必须考虑采用一种适合于描述多种条件组合的形式来设计测试用例，这就需要利用因果图（Cause Effect Graph）。

因果图测试最终生成的就是判定表，它适合于检查程序输入条件的各种组合情况。

一、因果图概述

因果图测试是一种利用图解法分析和描述各种输入条件组合情况，从而设计测试用例的方法。在因果图中，使用 Ci（Cause）表示原因；使用 Ei（Effect）表示结果；因果图上的每一个节点可以表示为 0 或 1，0 代表原因或结果不出现，1 代表原因或结果出现。

因果图由 4 种基本的因果关系构成，如图 4-4-1 所示。

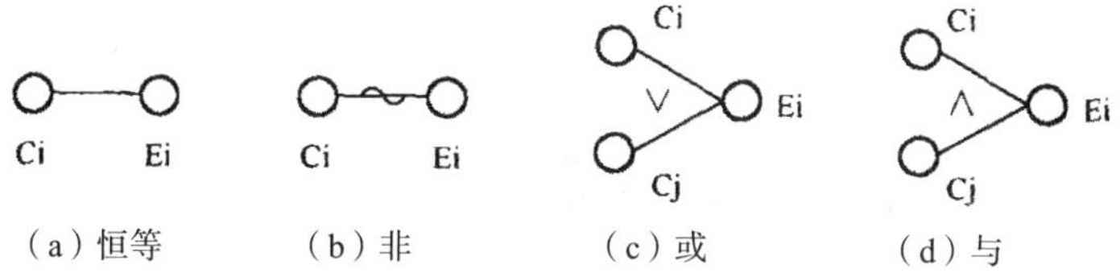

图 4-4-1　因果图的基本符号

①恒等：假设 Ci 是 1，则 Ei 是 1；否则，Ei 是 0。

②非：假设 Ci 是 1，则 Ei 是 0；否则，Ei 是 1。

③或：假设 Ci 或 Cj 是 1，则 Ei 为 1；否则，Ei 为 0。

④与：假设 Ci 和 Cj 都是 1，则 Ei 为 1；否则，Ei 为 0。

因果图中的“或”和“与”关系可以由大于或等于 2 的原因（Ci）构成，图 4-4-1 只是简化的表达形式。

因果图除了考虑原因和结果之间的关系外，还需要考虑原因与原因、结果与结果之间的依赖关系，这种原因之间或结果之间的依赖关系被称为约束。在因果图中，原因之间有 4 种约束，结果之间有 1 种约束，如图 4-4-2 和图 4-4-3 所示。

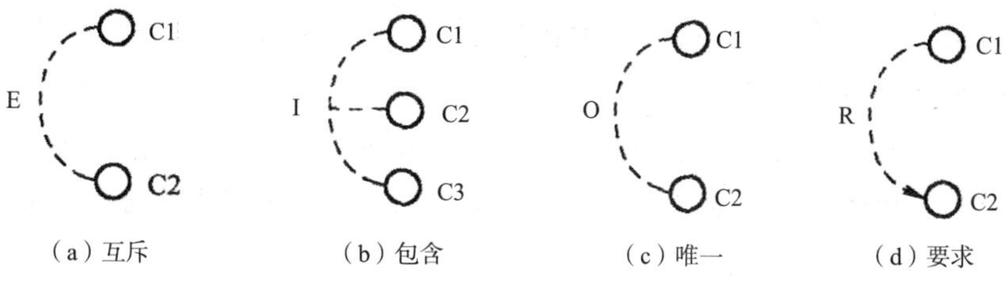

图 4-4-2　因果图原因之间的约束表示

因果图多个原因之间的约束使用虚线连接，而且虚线在原因的左边。

①互斥（Exclude）：C1 和 C2 不同时为 1，最多只能有 1 个原因为 1。

②包含（Include）：C1、C2 和 C3 三个原因中至少有一个为 1，不能同时为 0。

③唯一（Only）：C1 和 C2 中必须有一个且仅有一个原因为 1。

④要求（Require）：当 C1 为 1 时，C2 也必须为 1。

因果图多个结果之间的约束也使用虚线连接，而且虚线在结果的右边，如图 4-4-3 所示。因果图结果之间只有一种强制约束关系。

强制（Manipulate）：当 E1 为 1 时，E2 必须为 0；而当 E1 为 0 时，E2 的值不定。

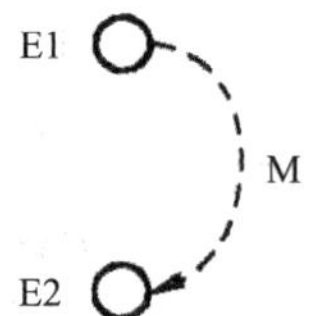

图 4-4-3　因果图结果之间的约束表示

二、因果图测试方法

因果图可以帮助测试人员高效系统地选择测试用例，可以指出需求规格说明书上不完整和有歧义的地方，还可以把自然语言描述的需求规格说明转换为形式语言描述的需求规格说明。使用因果图进行软件测试，最重要的就是要根据需求规格说明书的描述找到软件的输入条件和由条件组合引发的软件动作，最后以图形的方式把它们之间的关系表达出来，然后得到测试用例。利用因果图进行软件测试的步骤如下。

①将需求规格说明书分解成小的片段。这是必需的，因为长的需求规格说明书描述并不容易转换为因果图，这意味着要尽量使输入条件是独立的项。

②识别出需求规格说明书中的原因和结果。原因是清晰的输入条件或输入条件的等价类，而结果是输出条件或系统转换。一旦识别到原因和结果，就要给每一个原因和结果分配一个编号。

③分析需求规格说明书中描述的语义内容并将其转换为布尔形式表达的连接图，这就是因果图。为了表达上的方便，可以引入中间结果来连接输入条件和输出结果。

④给因果图的原因和结果加上约束条件。

⑤跟踪因果图上描述的条件，然后将其转换为有限入口的决策表，决策表中的每一有效列都对应一个测试用例。

⑥把决策表的列转换为测试用例。

三、因果图测试举例

例：根据以下条件描述，画出因果图并写出测试案例。

假设某软件的需求规格说明书描述如下：第 1 列字符必须是 A 或 B，第 2 列字符必须是 1 个数字，在两个条件都满足的情况下文件被修改；如果第 1 列字符不正确，则输出信息 L；如果第 2 列字符不是数字，则输出信息 M。

解：

①找出需求规格说明书中描述的所有原因和结果。

原因

C1：第 1 列字符是 A，独立的输入条件。

C2：第 1 列字符是 B。

C3：第 2 列字符是 1 个数字。

结果

E1：修改文件。

E2：显示信息 L。

E3：显示信息 M。

②找出输入条件和输出结果之间的关系，必要时引入中间结果。

C1 或 C2 成立，同时 C3 成立时得到结果 E1；C1 和 C2 都不成立时，得到结果 E2，而 C3 不成立时得到结果 E3。

由于 C1 和 C2 两个输入条件形成了一个结果，为了表达方便引入一个中间结果 C4，表示 C1、C2 都不成立。

③找出输入条件以及输出结果之间的约束条件，并绘制出因果图。

C1 和 C2 之间不能同时成立，只能有一个成立，是互斥的条件，根据规格描述绘制出的因果图如图 4-4-4 所示。

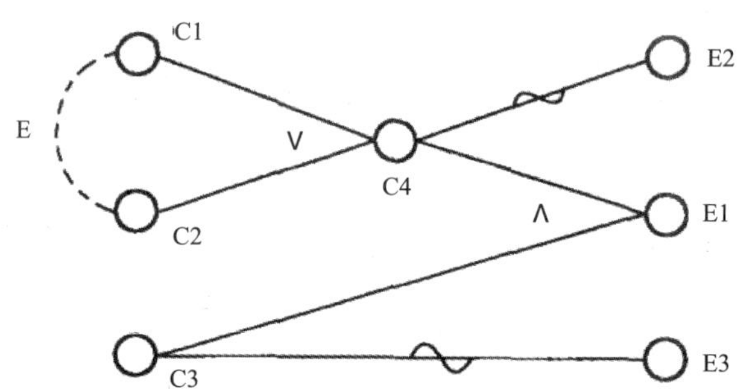

图 4-4-4　根据规格描述绘制出的因果图

④将因果图转换为决策表（表 4-4-1）。

表 4-4-1　由因果图转换而来的决策表

选项条件		规则 1	规则 2	规则 3	规则 4	规则 5	规则 6	规则 7	规则 8
条件	C1	0	0	0	0	1	1	1	1
	C2	0	0	1	1	0	0	1	1
	C3	0	1	0	1	0	1	0	1
	C4	0	0	1	1	1	1	–	–
动作	E1	0	0	0	1	0	1	–	–
	E2	1	1	0	0	0	0	–	–
	E3	1	0	1	0	1	0	–	–

由于规则 7 与规则 8 的输入条件 C1 和 C2 之间存在互斥关系，因此在实际中无法满足规则 7 和规则 8 的输入，可以直接丢弃这种相互矛盾的规则。

⑤根据决策表设计测试用例。

假设原因成立为 1，原因不成立为 0，则根据因果图得到的测试用例如表 4-4-2 所示。

表 4-4-2　根据因果图得到的测试用例

序号	输入值	预期输出值	实际输出值	是否正确
1	第 1 列输入 C，第 2 列输入 A	E2，E3		
2	第 1 列输入 C，第 2 列输入 5	E2		

续表

序号	输入值	预期输出值	实际输出值	是否正确
3	第 1 列输入 B，第 2 列输入 A	E3		
4	第 1 列输入 C，第 2 列输入 5	E1		
5	第 1 列输入 A，第 2 列输入 A	E3		
6	第 1 列输入 A，第 2 列输入 5	E1		
7	放弃	不能出现		
8	放弃	不能出现		

当输入条件和输出结果变得很多时，因果图将变得复杂，可能并不容易绘制，往往在绘制完因果图时把因果图转换为决策表以便得到最后的测试用例。对于多因素的输入条件组合，可以直接使用决策表来生成测试用例，而不一定绘制因果图。

第五章　软件开发与软件测试

在现代软件工程中，软件测试是软件开发过程中的重要一环，而且软件测试是耗费最大的一环。本章主要论述软件开发与软件测试，分别介绍了软件测试在软件开发过程中的运用、单元测试、集成测试、系统测试、验收测试和回归测试。

第一节　软件测试在软件开发过程中的运用

软件测试方法在各个阶段的使用概述如下。

①在软件需求分析与建模阶段，主要进行软件目标的定义、可行性研究和软件需求分析工作。这时测试的对象是相关文档资料，如需求规格说明书等，主要从需求的完备性、可实现性、是否合理、是否可测试等方面进行评审，应采用静态测试方法。

②在概要设计与详细设计阶段，概要设计描述的是总体系统架构中各个模块的划分及相互之间的关系，详细设计则描述的是各个模块具体的算法和数据结构。这些都是用文字、图表的形式进行描述的，测试时对文字、图表的评审仍采用静态测试的方法。

③在编码阶段，主要采用高级语言对已详细设计的模块进行编程。这时的测试工作主要是对已有的程序代码进行白盒测试，可以是静态与动态相结合，采用各种覆盖方法进行测试，此时主要由程序员进行测试。

④在测试阶段，主要进行集成测试与系统测试。集成测试采用灰盒测试方法（白盒测试与黑盒测试相结合），主要测试产品的接口及各模块之间的关系；而系统测试一般采用黑盒测试方法，主要测试系统的功能、性能等，由测试人员来完成测试。

⑤在检验交付与维护阶段，应在模拟或实际客户环境中，对系统进行验收测

试，大多采用自动化测试工具进行测试验收，包括功能测试、性能测试、回归测试、发布测试等。

第二节　单元测试

单元测试是对软件设计与编码的最小单元，即程序模块的测试，又称为模块测试。单元测试的目的在于发现各模块内部可能存在的错误，所以需要从程序的内部结构出发设计和执行测试用例。多个模块可以平行地独立进行单元测试。

单元测试的重点在于发现程序设计或实现的逻辑错误，使问题及早暴露，以便及时地对问题进行定位和解决。

单元测试多采用白盒测试和黑盒测试相结合的方法，既关注单元功能，又关注程序模块的逻辑结构。两者结合起来，既可以避免因过多关注路径而导致测试工作量很大的问题，又可以避免因从外部设计测试用例而可能丢失一些路径的问题。

单元测试通常由编码人员完成，但是应尽量避免让编码人员测试自己的程序，这也是软件测试的原则之一。

一、单元测试内容

单元测试内容如图 5-2-1 所示。

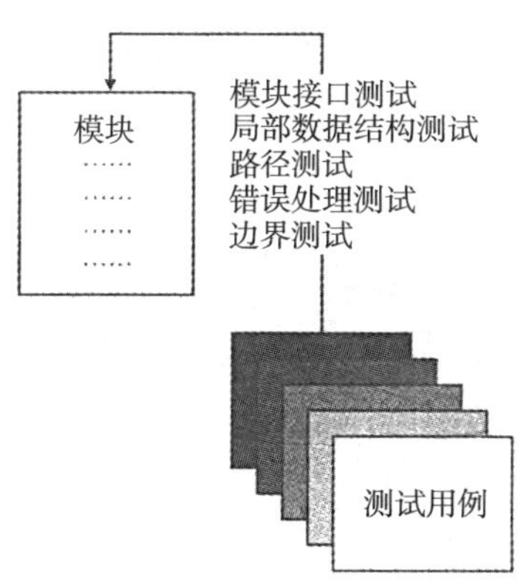

图 5-2-1　单元测试内容

①模块接口测试。模块接口测试是对通过被测模块的数据流进行的测试。为

此，对模块接口，包括参数表、调用子模块的参数、全程数据、文件输入 / 输出操作都必须进行检查。

②局部数据结构测试。设计测试用例检查数据型说明、初始化、缺省值等方面的问题，还要查清全程数据对模块的影响。

③路径测试。选择适当的测试用例，对模块中重要的执行路径进行测试。

④错误处理测试。检查模块的错误处理功能是否包含错误或缺陷。例如，是否拒绝不合理的输入条件；出错的描述是否难以理解、对错误的定位是否有误、出错原因的报告是否有误、对错误条件的处理是否不正确；在对错误处理之前，错误条件是否已经引起系统的干预；等等。

⑤边界测试。要特别注意数据流、控制流中刚好等于、大于或小于确定的比较值时出错的可能性。对这些地方要仔细地选择测试用例，认真加以测试。

此外，如果对模块运行时间有要求，还要专门进行关键路径测试，以确定最坏情况下和平均意义下影响模块运行时间的因素。这类信息对进行性能评价是十分有用的。

单元测试主要强调被测试对象的独立性，也就是为了避免其他单元对本单元的影响，以获得被测单元的实际状态。因此，单元测试中的单元是软件系统或产品中既可被分离又可被测试的最小单元。如果某个组件比较大，可以进一步分离某些部分，直至分离到一个可接受的程度，这取决于可测试性和要求测试的粒度。也就是说，可以分解到某个类、某个函数或某个程序的子过程，但也不需要无止境地分解下去，如不需要分解到每一行代码或每个变量。所以说，单元测试是一种思想和理念的体现，相对集成测试、系统测试而存在，不在于究竟“什么是单元”。

二、单元测试环境

在进行单元测试时，单元本身无法构成一个完整且切实可行的程序系统，为了执行单元测试，必须为单元测试设计相关的驱动模块和桩模块，才能完成单元测试任务。

（一）驱动模块与桩模块的概念

驱动模块通常用于模拟被测试模块的上一级模块，相当于被测模块的主程序。它主要用于接收测试数据，将相关数据传送给被测试模块，并调用被测试模块，打印执行结果。设计驱动模块的目的就是访问类库的属性和方法，检测类库的功能是否正确。

桩模块通常用于模拟被测试模块所调用的模块，而不是软件产品的组成部分。在集成测试前，要为被测试模块编制一些模拟其下级模块功能的“替身”模块，以代替被测试模块的接口，接收或传递被测试模块的数据。这些专供测试用的“替身”模块就被称为被测试模块的桩模块。

如果被测试的单元模块需要调用其他模块中的功能或者函数，就应设计一个和被调用模块名称相同的桩模块来模拟被调用模块。这个桩模块本身不执行任何功能，仅在被调用时通过返回静态值来模拟被调用模块的行为。

被测试模块的测试流程如图 5-2-2 所示。

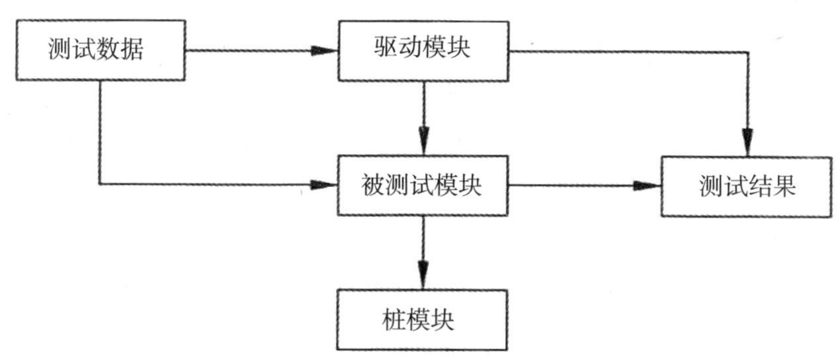

图 5-2-2　被测试模块的测试流程

（二）驱动模块与桩模块的设计

由图 5-2-2 可知，驱动模块接收测试数据，并调用被测试模块，最后输出测试结果。因此在设计驱动模块时，要满足以下条件。

①必须能驱动被测试模块执行。

②必须能够接收要传递给被测试模块的各项参数，判断其正确性，并将正确的接收数据传送给被测试模块。

③必须能接收到被测试模块的执行结果，并对结果的正确性进行判断。

④必须能将判断结果作为测试用例结果并输出测试报告。

在设计桩模块时，要满足以下条件。

①被测试模块必须能调用桩模块。

②桩模块必须能正确地接收来自被测试模块传递的各项参数，对参数的正确性进行判断，并返回执行结果。

③桩模块对外接口的定义必须与被测试模块调用模块的接口一致。

三、单元测试方法

出于实施的方便性和有效性，一般项目中单元测试主要以编程人员为主体来进行。单元测试和编程同步、交互式进行，每完成一个函数、一个类、一个模块就及时进行相应的单元测试，确保持续测试和持续集成。

其实，程序员随时都在做单元测试。程序员每写完一个函数，总是要调试一下，如给这个函数几个不同的参数来检查一下运行是否正常、返回值是否正确。这种随意的单元测试，对提高软件质量有帮助，但不够可靠，缺乏系统性的测试代码，代码覆盖率往往比较低。要保证可靠的软件质量，必须有意识地、系统地进行单元测试。

单元测试的基本方法有人工静态分析、自动静态分析、自动动态测试、人工动态测试。

①人工静态分析（Manual Static Analysis）：通过人工阅读代码来查找错误，一般是程序员交叉查看对方的代码，可能发现有特征错误和无特征错误。

②自动静态分析（Auto Static Analysis）：使用工具扫描代码，根据某些预先设定的错误特征，发现并报告代码中的可能错误。自动静态分析只能发现语法特征错误。

③自动动态测试（Auto Dynamic Test）：用工具自动生成测试用例并执行被测试程序，通过捕捉某些行为特征（如产生异常、程序崩溃等）来发现并报告错误。但测试工具不可能自动了解代码的功能，它只能发现行为特征错误，对无特征错误完全无能为力。

④人工动态测试（Manual Dynamic Test）：人工设定程序的输入条件和预期的正确输出结果，执行程序，并判断实际输出结果是否符合预期；如果不符合预期，就自动报告错误。这里所说的“人工”，仅指测试用例的输入条件和预期输出结果是人工设定的，其他工作可以由人工完成，也可以借助工具自动完成。人工动态测试可以发现有特征错误和无特征错误。例如针对某加法函数，只要人工建立一个测试用例，输入两个 1，并判断输出是否等于 2，运行测试，就可以发现代码运行是否正确。

以上 4 种方法还可以进一步细分。例如，人工动态测试又有多种设计测试用例的方法：如果根据程序的功能来设计测试用例，就是黑盒测试；如果根据代码及代码的逻辑结构来设计测试用例，就是白盒测试。

有效的单元测试要采用正确的方法，设计完整的测试用例。单元测试用例的设计方法可归属于白盒测试方法与黑盒测试方法，但以白盒测试方法为主，并适当地结合黑盒测试方法。

四、单元测试过程

单元测试的过程如图 5-2-3 所示。

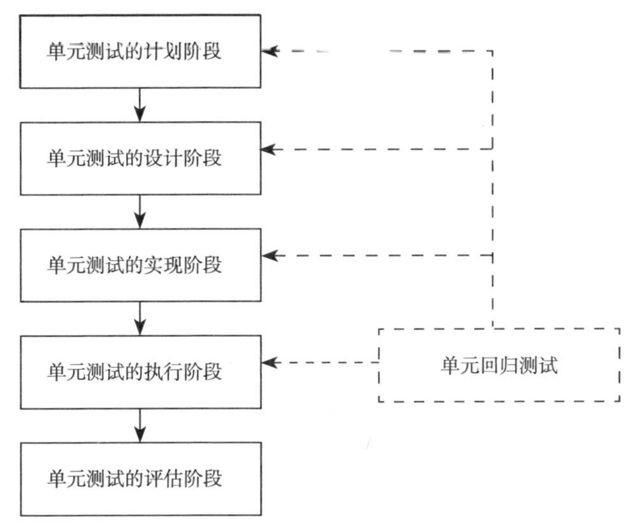

图 5-2-3　单元测试的过程

（一）单元测试的计划阶段

该阶段的主要任务是依据测试策略和相关文档，如软件需求分析说明书、软件设计说明书、项目计划等确定单元测试目的，识别单元测试需求，安排测试进度、规划测试资源、制定测试开始和结束准则、说明回归测试方法和缺陷跟踪过程，并使用合适的模板将这些内容编入单元测试计划中。

（二）单元测试的设计阶段

该阶段的主要任务是根据各项测试需求确定单元测试方案，包括：测试所依据的标准和文档，测试使用的方法（例如白盒测试、黑盒测试或其他测试方法），缺陷属性的说明，结论的约定，等等。

如果需要编写测试代码或测试工具，还应准备测试代码与工具的设计描述。

（三）单元测试的实现阶段

该阶段的主要任务是依据规范开发单元测试用例并确保其满足测试需求，测试用例可以是手工测试用例，也可以是自动化测试脚本。

（四）单元测试的执行阶段

该阶段的主要任务是搭建测试环境，运行测试用例以发现被测单元中的缺陷，当发现缺陷后提交缺陷问题报告单并在缺陷修复后对缺陷的修正进行验证。

（五）单元测试的评估阶段

该阶段的主要任务是对测试过程进行总结，提供相关测试数据说明和缺陷说明，评价被测对象并给出改进意见，输出单元测试报告。

单元测试中还有如下一些辅助性的但非常重要的活动。

①进行需求跟踪以验证分配到该软件单元的需求是否已完全实现。

②跟踪和解决单元测试缺陷。

③更新用户文档。

④阶段评审。

⑤单元过程资产基线。

⑥编写任务总结报告。

五、测试过程准则

测试过程准则定义了单元测试在什么条件下开始、结束、挂起及恢复，也就是说：满足什么条件可以开始单元测试，即单元测试的入口准则；满足什么条件，单元测试可以结束，即单元测试的停止准则；出现哪些情况单元测试可以挂起，即单元测试的受阻准则；满足了哪些条件便可以恢复被挂起的单元测试，即单元测试的恢复准则。测试过程应重点考虑以下四个方面。

①工作任务分解（WBS）：明确此次单元测试任务的分解情况及各个单项之间的关系。

②测试进度：依据估计的单元测试工作量，基于任务分解情况和可用资源情况，确定每项任务开始和结束的时间点。

③测试资源：进行此次单元测试所需的人力资源，包括角色及其职责、环境资源、工具等相关资源。

④测试结论约定：描述了为了达成共识针对某些项而制定的统一标准，例如测试用例优先级、缺陷严重级别定义、缺陷优先级等。

第三节　集成测试

一、集成测试概述

经过单元测试的软件模块可以确保其代码实现了预期功能，但当两个或多个模块通过接口构造成一个大的功能模块或子系统时，并不能保证这些组合起来的单元模块能够按照预期正确实现设计功能。

实践表明，一些模块虽然能够单独地工作，但并不能保证连接起来也能正常地工作。程序在某些局部反映不出来的问题，在全局上很可能暴露出来，影响功能的实现。例如，数据可能在通过接口的时候丢失；一个模块可能对另外一个模块产生无法预料的副作用；当子函数被连到一起的时候，可能不能达到预期的功能；在单个模块中可以接受的不精确数据，在连起来之后可能会扩大到无法接受的程度；全局数据结构可能也会存在问题；等等。这就需要对模块之间的接口进行测试，就像检验合格的单个电子元件并不能完全保证组装起来的电视机就一定合格一样，必须对各电子元件的接口进行验证，这就是集成测试。

单元测试主要测试模块内部接口、数据结构、逻辑、异常处理等对象，集成测试主要测试模块之间的接口。集成测试是通过测试发现和接口有关的问题来构造程序结构的系统化技术，它的目标是把通过单元测试的模块构造成一个设计中所描述的程序结构。

集成测试也叫组装测试或联合测试，是单元测试的逻辑扩展，它是在单元测试的基础上，将所有的软件单元按照概要设计规格说明的要求组装成模块、子系统或系统，然后测试各部分工作是否达到或实现相应技术指标及要求的活动。也就是说，在集成测试之前，单元测试应该已经完成，集成测试中所使用的对象应该是已经经过单元测试的软件单元。这一点很重要，因为如果不经过单元测试，那么集成测试的效果将会受到很大影响，并且会大幅增加软件单元代码纠错的代价。

集成测试的最简单的形式是：两个已经测试过的软件单元组合成一个组件，并且测试它们之间的接口。从这一层意义上讲，组件是多个软件单元的集成聚合。在现实方案中，集成是多个软件单元的聚合，许多软件单元组合成模块，这些模块聚合成程序的更大部分，如分系统或系统。集成测试采用的方法是测试软件单元的组合能否正常工作，以及与其他组的模块能否集成起来工作。最后，还要测试构成系统的所有模块组合能否正常工作。集成测试所持的主要标准是软件概要设计规格说明书，任何不符合该说明书的程序模块行为都应该加以记载并上报。

所有的软件项目都不能摆脱系统集成这个阶段。不管采用什么开发模式，具体的开发工作总得从一个一个的软件单元做起，软件单元只有经过集成才能形成一个有机的整体。具体的集成过程可能是显性的也可能是隐性的。只要有集成，总是会出现一些问题。在工程实践中，几乎不存在软件单元组装过程中不出任何问题的情况，而且集成测试需要花费的时间远远超过单元测试，因此直接从单元测试过渡到系统测试是极不妥当的做法。

此外，在某些开发模式，如迭代式开发模式中，设计和实现是迭代进行的。在这种情况下，集成测试的意义还在于它能间接地验证概要设计是否具有可行性。

集成测试侧重于模块间的接口正确性及集成后的整体功能的正确性，是介于白盒测试和黑盒测试之间的灰盒测试。集成测试分为三个层次。

①模块内的集成测试（接近白盒）。

②子系统内的集成测试（灰盒）。

③子系统间的集成测试（接近黑盒）。

二、集成测试的内容和原则

（一）集成测试的内容

1. 集成功能测试

集成功能测试主要关注集成单元实现的功能及集成后的功能，考察多个模块间的协作，既要满足集成后实现的复杂功能，又不能衍生出不需要的多余功能（错误功能）。主要关注如下内容。

①被测对象的各项功能是否实现。

②异常情况是否有相关的错误处理。

③模块间的协作是否高效合理。

2. 接口测试

模块间的接口包括函数接口和消息接口。

①对函数接口的测试，应关注函数接口参数的类型和个数的一致性、输入/输出属性的一致性、范围的一致性。

②对消息接口的测试，应关注收发双方对消息参数的定义是否一致、消息和消息队列长度是否满足设计要求、消息的完整性如何、消息的内存是否在发送过程中被非法释放、有无对消息队列阻塞进行处理等。

3. 全局数据结构测试

全局数据结构往往存在被非法修改的隐患，因此对全局数据结构的测试主要关注以下四个角度。

①全局数据结构的值在两次被访问的间隔是可预知的。

②全局数据结构的各个数据段的内存不应被错误释放。

③多个全局数据结构间是否存在缓存越界。

④多个软件单元对全局数据结构的访问应采用锁保护机制。

4. 资源测试

资源测试包括共享资源测试和资源极限测试。

共享资源测试常应用于数据库测试和支撑的测试。共享资源测试需要关注以下内容。

①是否存在死锁现象。

②是否存在过度利用情况。

③是否存在对共享资源的破坏性操作。

④公共资源访问锁机制是否完善。

资源极限测试关注资源的极限使用情况及软件系统对资源耗尽时的处理，保证软件系统在资源耗尽的情况下不会出现系统崩溃。

5. 性能和稳定性测试

（1）性能测试

性能测试的目的是检测某个部件的性能指标并及时发现性能瓶颈。在多任务环境中，还需测试任务优先级的合理性。性能测试需考虑以下因素。

①实时性要求高的功能是否在高优先级任务中完成。

②任务优先级设计是否满足用户操作响应时间要求。

（2）稳定性测试

稳定性测试需要考虑以下因素。

①是否存在内存泄漏而导致长期运行资源耗竭。

②长期运行后是否出现性能的明显下降。

③长期运行是否出现任务挂起。

（二）集成测试的原则

集成测试应遵循下列原则。

①集成测试是产品研发中的重要工作，需要为其分配足够的资源和时间。

②集成测试需要制订严密的计划，并严格按计划执行。

③应采取增量式的分步集成方式，逐步进行软件部件的集成和测试。

④应重视测试自动化技术的引入与应用，不断提高集成测试效率。

⑤应注意测试用例的积累和管理，方便进行回归测试并补充测试用例。

三、集成测试的方法

（一）非增式测试

非增式测试就是在配备辅助模块的条件下，对所有模块进行个别的单元测试，然后在此基础上，按程序结构图将各模块连接起来，把连接后的程序当作一个整体进行测试。

非增式测试的做法是先分散测试，再集中起来一次完成集成测试。如果在模块的接口处存在错误，就会在最后的集成时一下暴露出来，便于找出问题和修改。另外，非增式测试使用了较少的辅助模块，减少了辅助性测试工作，并且一些模块在逐步集成的测试中得到了较为频繁的考验，因此可能取得更好的测试效果。

非增式测试的缺点如下：当一次集成的模块较多时，非增式测试容易出现混乱。因为测试时可能发现了许多问题，为每一个问题定位和纠正非常困难，并且在修正一个问题的同时可能又引入了新的问题。新旧问题混杂，很难判定出错的具体原因和位置。

（二）增式测试

增式测试的集成是逐步实现的，逐次将未集成测试的模块和已集成测试的模块或子系统结合成程序包，再将这些模块集成较大的系统，在集成的过程中边连接边测试，以发现连接过程中产生的问题。增式测试主要有以下两种实施顺序。

1. 自顶向下集成测试

自顶向下集成测试表示逐步集成和逐步测试是按照结构图自顶向下进行的，即模块集成的顺序是首先集成主控模块（主程序），然后依照控制层次结构向下进行集成，从属于主控模块的按深度优先方式（纵向）或广度优先方式（横向）集成到结构中。

深度优先方式的集成：首先集成结构中主控路径下的所有模块，主控路径的选择是任意的。

广度优先方式的集成：首先沿着水平方向，把每一层中所有直接隶属于上一层的模块集成起来，直到底层。

自顶向下集成测试的步骤如下。

①以主控模块作为测试驱动模块，把对主控模块进行单元测试时引入的所有桩模块用实际模块替代。

②依据所选的集成策略（深度优先或广度优先），每次只替代一个桩模块。

③每集成一个模块立即测试一遍。

④只有每组测试完成后，才着手替换下一个桩模块。

⑤为避免引入新错误，必须不断地进行回归测试（全部或部分地重复已做过的测试）。

自顶向下集成测试的优点是能尽早地对程序的主要控制和决策机制进行检验，因此能较早地发现错误。其缺点是在测试较高层模块时，低层处理采用桩模块替代，不能反映真实情况，重要数据不能及时回送到上层模块，因此测试并不充分。解决这个问题有三种方法：第一种是把某些测试推迟到用真实模块替代桩模块之后进行；第二种是开发能模拟真实模块的桩模块；第三种是自底向上集成模块。第一种方法又回退到非增式测试，使错误难于定位和纠正，并且失去了在组装模块时进行一些特定测试的可能性；第二种方法无疑要大大增加开销；第三种方法比较切实可行。

2. 自底向上集成测试

自底向上集成测试表示逐步集成和逐步测试是按结构图自底向上进行的，即从“原子”模块（软件结构中最底层的模块）开始组装测试，因为当测试到较高层的模块时，所需的下层模块功能均已具备，所以不再需要桩模块。

自底向上集成测试的步骤如下。

①把低层模块组织成实现某个子功能的模块群（Cluster）。

②开发一个测试驱动模块，控制测试数据的输入和测试结果的输出。

③对每个模块群进行测试。

④删除测试使用的驱动模块，用较高层的模块把模块群组织为可完成更多功能的新模块群。

⑤重复步骤①～④，直至整个程序构造完毕。

自底向上集成测试不用桩模块，测试用例的设计也相对简单，但缺点是当程序最后一个模块加入时才具有整体形象。它与自顶向下集成测试的优缺点正好相反。因此，在测试软件系统时，应根据软件的特点和工程的进度，选用适当的测试方法，有时混合使用两种测试方法更为有效，上层模块用自顶向下的测试方法，下层模块用自底向上的测试方法。

自顶向下集成测试的主要优点在于可以自然地做到逐步求精，一开始便能让测试者看到系统的雏形。这样的系统模型检验有助于增强程序人员的信心。它的不足之处是一定要提供桩模块。同时，在输入、输出模块接入系统前，在桩模块中表示测试数据有一定的困难。由于桩模块不能模拟数据，如果模块间的数据流不能构成有向的非环状图，则一些模块的测试数据将很难生成，观察和解释测试结果往往也非常困难。自底向上集成测试的优点在于，由于驱动模块模拟了所有调用参数，所以即使数据流并未构成有向的非环状图，生成测试数据也没有困难。如果关键的模块是在结构图的底部，那么自底向上集成测试是非常有优势的。自底向上集成测试的缺点在于，当最后一个模块尚未开始测试时，无法呈现被测软件系统的雏形。当最后一层模块尚未设计完成时，无法开始测试工作，因此设计与测试工作不能交叉进行。

3. 其他集成测试

（1）大爆炸集成测试

大爆炸集成也称为一次性组装或整体拼装，是一种非增量式组装方式。大爆炸集成测试的做法就是把所有通过单元测试的模块一次性集成到一起进行测试，不考虑组件之间的相互依赖性及可能存在的风险。

例如，某个系统的层次模块图如图 5-3-1 所示，该系统包括模块 A，B，C，D，E，F，G。

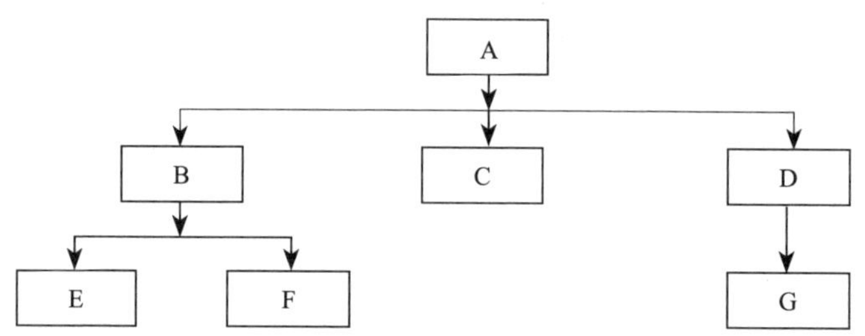

图 5-3-1　某个系统的层次模块图

对该系统采用大爆炸集成测试，首先将各个模块（A，B，C，D，E，F，G）

分别进行单元测试，然后再把所有模块组装在一起进行测试。

大爆炸集成测试具有如下的优点：一是可以并行测试所有模块；二是需要的测试用例数目少；三是测试方法简单、易行。

大爆炸集成测试除了有以上的优点，还具有如下的缺点。

①由于不可避免存在模块间接口、全局数据结构等方面的问题，所以一次运行成功的可能性不大。

②如果一次集成的模块数量多，集成测试后可能会出现大量的错误。另外，修改了一处错误之后，很可能新增更多的新错误，新旧错误混杂，会给程序的错误定位与修改带来很大的麻烦。

③即使集成测试通过，也会遗漏很多错误。

大爆炸集成测试主要适用于如下范围。

①只需要修改或增加少数几个模块的前期产品稳定的项目。

②功能少，模块数量不多，程序逻辑简单，并且每个组件都已经过充分单元测试的小型项目。

③基于严格的净室软件工程（由 IBM 公司开创的开发接近零缺陷的软件的成功做法）开发的产品，并且在每个开发阶段，产品质量和单元测试质量都是相当高质量的产品。

（2）协作集成测试

协作集成测试的目的是通过向被测试系统中加入模块的集合来证明该系统的稳定性，这种模块的集合被要求支持一个特定的协作（子功能）。

（3）基干集成测试

基干集成测试结合了自顶向下集成测试、自底向上集成测试、大爆炸集成测试三者的优点，可用于验证紧密耦合的子系统之间的互操作性。

（4）层次集成测试

层次集成测试使用增式测试的方法验证一个层次体系结构的稳定性。层次集成测试结合了自顶向下集成测试和自底向上集成测试的优点。测试设计必须识别层次并确定每层应用哪种集成方法。

（5）客户 / 服务器集成测试

客户 / 服务器集成测试论证了客户和服务器之间交互的稳定性。整个测试过程从单独测试客户和服务器开始，直到所有的接口被测试为止。测试方案必须识别客户和服务器。客户 / 服务器交互可以用任意适合的测试设计样式建模。

（6）分布服务集成测试

分布服务集成测试论证了松散耦合的同等模块之间的交互的稳定性。整个过程从单独测试一些节点开始，直到所有的接口被测试为止。

（7）高频集成测试

高频集成测试通过频繁地将新代码和一个已经稳定的基线集成在一起，以便尽早发现集成故障，以及控制可能出现的基线偏差。

第四节　系统测试

一、系统测试概述

（一）系统测试的定义

系统测试是将集成好的软件系统作为整个基于计算机系统的一个元素，与计算机硬件、外设、支持软件、数据等其他系统元素结合在一起，在实际运行（使用）环境下所进行的一系列测试活动。

系统测试的目的在于通过与系统的需求定义比较，检查软件是否存在与系统定义不符合或与之矛盾的地方，以验证软件系统的功能和性能等满足其规约所指定的要求。

（二）系统测试的内容

现行国家标准《计算机软件测试规范》（GB/T 15532—2016）针对系统测试的测试内容主要从适应性、准确性、互操作性、安全保密性、成熟性、容错性、易恢复性、易理解性、易学性、易操作性、吸引性、时间特性、资源利用性、易分析性、易改变性、易测试性、适应性、易安装性、共存性、易替换性和依从性等方面（有选择的）来考虑。

对具体的系统，可根据测试合同（或项目计划）及系统 / 子系统设计文档的要求对上述测试内容进行剪裁。

1. 功能性

在系统的功能性方面，主要测试的内容如下。

①适应性方面：可测试系统 / 子系统设计文档规定的系统的每一项功能。

②准确性方面：可对系统中具有准确性要求的功能和精度要求的项（如数据

处理精度、时间控制精度、时间测量精度）进行测试。

③互操作性方面：可测试系统 / 子系统设计文档、接口需求规格说明文档和接口设计文档规定的系统与外部设备的接口、与其他系统的接口；可测试接口的格式和内容，包括数据交换的数据格式和内容；可测试接口之间的协调性；可测试软件对系统每一个真实接口的正确性；可测试软件系统从接口接收和发送数据的能力；测试数据的约定、协议的一致性；可测试软件系统对外围设备接口特性的适应性。

④安全保密性方面：可测试系统及其数据访问的可控制性；可测试系统防止非法操作的模式，包括防止非授权的创建、删除或修改程序或信息，必要时做强化异常操作的测试；可测试系统防止数据被讹误和被破坏的能力；可测试系统的加密和解密功能。

2. 可靠性

在系统的可靠性方面，主要测试的内容如下。

①成熟性方面：可基于系统运行剖面设计测试用例，根据实际使用的概率分布随机选择输入，运行系统，测试系统满足需求的程度并获取失效数据，其中包括对重要输入变量的覆盖、对相关输入变量可能组合的覆盖、对设计输入空间与实际输入空间之间区域的覆盖、对各种使用功能的覆盖、对使用环境的覆盖。应在有代表性的使用环境中，以及可能影响系统运行方式的环境中运行软件，验证系统的可靠性需求是否正确实现。对一些特殊的软件，如容错软件、实时嵌入式软件等，由于在一般的使用环境下常常很难在软件中植入差错，应考虑多种测试环境。测试系统的平均无故障时间。选择可靠性增长模型，通过检测到的失效数和故障数对系统的可靠性进行预测。

②容错性方面：可测试系统对中断发生的反应，系统在边界条件下的反应，系统的功能、性能的降级情况，系统的各种误操作模式和系统的各种故障模式（如数据超范围、死锁）；可测试在多机系统出现故障需要切换时系统的功能和性能的连续平稳性。

注意：可用故障树分析技术检测误操作模式和故障模式。

③易恢复性方面：可测试具有自动修复功能的系统的自动修复时间、系统在特定的时间范围内的平均宕机时间、系统在特定时间范围内的平均恢复时间、系统的重新启动并继续提供服务的能力、系统的还原能力。

3. 易用性

在系统的易用性方面，主要测试的内容如下。

①易理解性方面：可测试系统的各项功能，确认它们是否容易被识别和被理解；要求具有演示功能的能力，确认演示是否容易被访问、演示是否充分和有效；可测试界面的输入和输出，确认输入和输出的格式和含义是否容易被理解。

②易学性方面：可测试系统的在线帮助，确认在线帮助是否容易定位、是否有效；还可以对照用户手册或操作手册执行系统，测试用户文档的有效性。

③易操作性方面：输入数据，确认系统是否对输入数据进行有效性检查；要求具有中断执行的功能，确认它们能否在动作完成之前被取消；要求具有还原能力（数据库的事务回滚能力）的功能，确认它们能否在动作完成之后被撤销；要求包含参数设置的功能，确认参数是否已选择、是否有默认值；要求具有解释的消息，确认它们是否明确；要求具有界面提示能力的界面元素，确认它们是否有效；要求具有容错能力的功能和操作，确认系统能否提示出错的风险、能否容易纠正错误的输入、能否从差错中恢复；要求具有定制能力的功能和操作，确认定制能力的有效性；要求具有运行状态监控能力的功能，确认它们的有效性。

④吸引性方面：可测试系统的人机交互界面能否定制。

4. 效率

在系统的效率方面，主要测试的内容如下。

①时间特性方面：可测试系统的响应时间、平均响应时间、响应极限时间，系统的吞吐量、平均吞吐量，系统的周转时间、平均周转时间、周转时间极限。

在测试时，应标识和定义适合于软件应用的任务，并对多项任务进行测试，而不是仅测一项任务。

②资源利用性方面：可测试系统的输入 / 输出设备、内存和传输资源的利用情况，执行大量的并发任务，测试输入 / 输出设备的利用时间；在使输入 / 输出负载达到最大的系统条件下，运行系统，测试输入 / 输出负载极限；并发执行大量的任务，测试用户等待输入 / 输出设备操作完成需要的时间。

5. 维护性

在系统的维护性方面，主要测试的内容如下。

①易分析性方面：可设计各种情况的测试用例运行系统，并监测系统运行状

态数据，检查这些数据是否容易获得、内容是否充分。若软件具有诊断功能，则应测试该功能。

②易改变性方面：可测试能否通过参数来改变系统。

③易测试性方面：可测试软件内置的测试功能，确认它们是否完整和有效。

6. 可移植性

在系统的可移植性方面，主要测试的内容如下。

①适应性方面：可测试软件对诸如数据文件、数据块或数据库等数据结构的适应能力，软件对硬件设备和网络设施等硬件环境的适应能力，软件对系统软件或并行的应用软件等软件环境的适应能力及软件是否已移植。

②易安装性方面：可测试软件安装的工作量、安装的可定制性、安装设计的完备性、安装操作的简易性及是否容易重新安装。

注意：安装设计的完备性可分为以下三级。

a. 最好：设计了安装程序，并编写了安装指南文档。

b. 好：仅编写了安装指南文档。

c. 差：无安装程序和安装指南文档。

注意：安装操作的简易性可分为以下四级。

a. 非常容易：只需启动安装功能并观察安装过程。

b. 容易：只需回答安装功能中提出的问题。

c. 不容易：需要从表或填充框中看参数。

d. 复杂：需要从文件中寻找参数，改变或改写它们。

③共存性方面：可测试软件与其他软件共同运行的情况。

④易替换性方面：当用一个不同的软件替换或用同一软件系列的高版本替换低版本时，在易替换性方面，可考虑测试软件能否继续使用被其替代的软件使用过的数据；软件是否具有被其替代的软件中的类似功能。

⑤依从性方面：当软件在功能性、可靠性、易用性、效率、维护性和可移植性方面遵循了相关的标准、约定、风格指南或法规时，应酌情进行测试。

（三）系统测试的目标和方针

1. 系统测试的目标

①确保系统测试的活动是按计划进行的。

②验证软件产品是否与系统需求用例不相符合或与之矛盾。

③建立完善的系统测试缺陷记录跟踪库。

④确保及时将软件系统测试活动及结果通知相关小组和个人。

2. 系统测试的方针

①为项目指定一个测试工程师负责贯彻和执行系统测试活动。

②测试组向各事业部总经理 / 项目经理报告系统测试的执行状况。

③系统测试活动遵循文档化的标准和过程。

④向外部用户提供经系统测试验收通过的项目。

⑤建立相应项目的缺陷（Bug）库，用于系统测试阶段项目不同生命周期的缺陷记录和缺陷状态跟踪。

⑥定期对系统测试活动及结果进行评估，向各事业部经理 / 项目办总监 / 项目经理汇报项目的产品质量信息及数据。

二、系统测试的技术要求

系统测试的基本技术要求如下。

①系统的每个特性应至少被一个正常测试用例和一个被认可的异常测试用例所覆盖。

②测试用例的输入应至少包括有效等价类值、无效等价类值和边界数据值。

③应逐项测试系统 / 子系统设计说明规定的系统的功能、性能等特性。

④应测试软件配置项之间及软件配置项与硬件之间的接口。

⑤应测试系统的输出及其格式。

⑥应测试运行条件在边界状态和异常状态下，或在人为设定的状态下，系统的功能和性能。

⑦应测试系统访问和数据安全性。

⑧应测试系统的全部存储量、输入 / 输出通道和处理时间的余量。

⑨应按系统或子系统设计文档的要求，对系统的功能、性能进行强度测试。

⑩应测试设计中用于提高系统安全性、可靠性的结构、算法、容错、冗余、中断处理等方案。

⑪对完整性级别高的系统，应对其进行安全性、可靠性分析，明确每一个危险状态和导致危险的可能原因，并对此进行针对性的测试。

⑫对有恢复或重置功能需求的系统，应测试其恢复或重置功能和平均恢复时

间，并且对每一类导致恢复或重置的情况进行测试。

⑬对不同的实际问题应外加相应的专门测试。

三、系统测试设计的层次

为了保证系统测试的质量，必须在测试设计阶段就对系统进行严密的测试设计。这就需要在测试设计中，从多方面考虑系统规格的实现情况。通常系统测试可从五个层次来进行设计：用户层测试、应用层测试、功能层测试、子系统层测试、协议 / 指标层测试。

（一）用户层测试

用户层测试是面向产品最终的使用操作者的测试。这里重点突出的是站在操作者角度，测试系统对用户支持的情况，如用户界面的规范性、友好性、可操作性，以及数据的安全性。用户层测试主要包括用户支持测试、用户界面测试、可维护性测试、安全性测试。

（二）应用层测试

应用层测试是针对产品工程应用或行业应用的测试。这里重点突出的是站在系统应用的角度，模拟实际应用环境，对系统的兼容性、可靠性、性能等进行测试。应用层测试主要包括系统性能测试、系统可靠性测试、系统稳定性测试、系统兼容性测试、系统组网测试、系统安装升级测试。

（三）功能层测试

功能层测试是针对产品具体功能实现的测试。测试内容主要包括业务功能的覆盖、业务功能的分解、业务功能的组合、业务功能的冲突。

（四）子系统层测试

子系统层测试是针对产品内部结构性能的测试，重点关注的是子系统内部的性能、模块间接口的瓶颈。测试内容主要包括单个子系统的性能、子系统间的接口瓶颈、子系统间的相互影响。

（五）协议 / 指标层测试

协议 / 指标层测试是针对系统支持的协议、指标的测试，主要包括协议一致性测试、协议互通测试。

第五节　验收测试

一、基本含义

验收测试的目的是对系统功能、系统的某部分或特定的系统非功能特性进行测试。验收测试通常由使用系统的用户来参与或主导，系统的其他利益相关者也可能参与其中。

发现缺陷不是验收测试的主要目标，验收测试有助于评估系统是否可以发布，以及用户对系统使用的准备情况等。验收测试不一定是最后级别的测试，例如，对于大型的系统，可能会在验收测试之后，进行系统的集成测试。

二、验收测试类型

验收测试的范围很广，取决于应用系统的风险。如果系统要通过一种新的方式和其他系统合作，至少要测试一下互操作性。

验收测试可以在较低的测试级别执行，或者分布在多个测试级别上进行。例如，组件的可用性验收测试可以在组件测试中进行，功能增强的组件验收测试可以在系统测试之前进行。

典型的验收测试有如下五种类型。

（一）用户验收测试

用户验收测试是由最终使用系统的用户来参与执行的。通常，不同的用户群对系统的期望有所不同。即便只有单一用户群，也会因为系统难以使用而拒绝接受该系统，这会给系统的应用带来麻烦。即使系统从技术和功能的角度看都很好，也可能会发生这种情况，所以需要对每一个用户群都组织相应的用户验收测试。通常由用户组织或参与这些测试，并基于业务过程和典型的用户场景选择测试用例。

为了提高验收测试的质量，减少验收测试中发现的问题，建议在项目的前期允许一些用户代表参与评审，尽早地发现和修改存在的问题。

（二）操作（验收）测试

操作（验收）测试一般由系统管理员负责执行，包括以下内容。

①系统备份 / 恢复测试。

②灾难性测试。

③用户管理（权限设置等）测试。

④维护任务测试。

⑤定期的安全漏洞检查。

（三）合同和规范验收测试

合同验收测试是根据合同规定的验收准则，对软件进行的测试。规范验收测试是根据要遵守的规范进行的测试，这些规范包括政府、法律和安全方面的规则。

如果是客户定制的软件，客户（和卖方合作）将根据合同要求执行验收测试。客户在验收测试结果的基础上判断订购的软件系统是否存在（严重）缺陷，评估开发合同或合同中定义的服务是否已经满足。在内部软件开发时，同一组织内部的用户部门和 IT 部门会存在或多或少的正式合同。

测试标准是开发合同中定义的验收标准，因此必须清晰明确地表示这些标准。同时必须明确所有需要遵守的规章，例如政府的、法律上的、安全方面的规章。

实际上，软件开发人员会在自己进行系统测试时检查这些标准。对于验收测试，重新执行验收相关的测试用例，就能够向客户证明软件已经满足合同规定的验收标准。

供应商可能会对验收标准存在误解，因此由客户来设计或者至少参与评审验收测试用例是至关重要的。与在测试环境中进行的系统测试不同，验收测试是在客户 / 用户的实际环境中进行的。由于测试环境不同，系统测试中能够正常工作的测试用例在实际环境中可能会失败。验收测试还需检查交付和安装过程。验收测试的环境应该和运行环境一致，但是在实际运行环境中的测试用例本身应该避免对其他正在运行的软件系统造成破坏。

（四）Alpha 和 Beta 测试

在很多商业化软件的开发过程中，在软件产品正式进入商业销售之前，软件开发人员希望从市场中潜在的或已经存在的用户中得到软件使用的反馈。Alpha 测试通常在开发组织内进行，Beta 测试通常在用户现场进行。通常情况下，Alpha 测试和 Beta 测试都是由客户主导进行的测试。

Alpha 测试是由用户在开发环境下进行的测试，也可以是公司内部的用户在模拟实际操作环境下进行的测试。它是在受控制的环境下进行的测试。Alpha 测试的目的是评价软件产品的 FURPS（功能、可使用性、可靠性、性能和支持），尤其注重产品的界面和特色。

Alpha 测试人员是除软件开发人员之外首先见到产品的人，他们提出的功能和修改意见是特别有价值的。

测试可以从软件产品编码结束之时开始，或在模块（子系统）测试完成之后开始，也可以在确认测试过程中产品达到一定的稳定和可靠程度之后再开始。

Beta 测试是由软件的多个用户在一个或多个用户的实际使用环境下进行的测试。与 Alpha 测试不同的是，软件开发人员通常不在测试现场。因而，Beta 测试是在软件开发人员无法控制的环境下进行的软件现场应用。在 Beta 测试中，用户记下遇到的所有问题，包括真实的及主观认定的，定期向软件开发人员报告，软件开发人员则在综合用户的报告之后，做出修改，最后将软件产品交付给全体用户使用。Beta 测试主要衡量产品的 FURPS，着重于产品的支持性，包括文档、客户培训和支持产品生产能力。只有当 Alpha 测试达到一定的可靠程度时，才能开始 Beta 测试。由于它处在整个测试的最后阶段，不能过多期望这时发现主要问题。同时，产品的所有手册文本也应该在此阶段完成定稿。由于 Beta 测试的主要目标是测试可支持性，所以 Beta 测试应尽可能由主持软件产品发行的人员来管理。

（五）现场测试

如果软件会在许多不同的运行环境中运行，软件开发人员在系统测试时为每种应用创建测试环境的开销将会很大，甚至是不可能的。这种情况下，系统测试完成后，软件开发人员可以选择执行现场测试。现场测试的目标是识别完全未知的或没有详细说明的用户环境的影响，并在需要的时候消除这些影响。因此软件开发人员将预发布的稳定的软件版本交付给预先选定的客户，这些客户能够充分代表软件的目标市场，或者他们的运行环境正好可以覆盖可能的环境。

客户既可以运行特定的测试场景，也可以在真实环境中对产品进行使用。他们将反馈发现的问题、意见和对新产品的印象。

现场测试不能完全替代系统测试，因为它们的测试目的和测试重点是不一样的。只有当系统测试已经证明软件足够稳定后，才可以将新产品提交给潜在的客户 / 用户做现场测试。

第六节　回归测试

一、回归测试的定义

“回归”指“回到先前的状态”，“先前的状态”通常是指比较差的状态。回归测试指的是软件测试周期的一个阶段，对被测程序 P′ 来讲，回归测试的目的是保证新增加或修改的代码行为正确，保证 P′ 的先前版本 P 中未修改代码的行为也正确。因此，无论何时，只要程序的版本发生了变化，回归测试就是有用的、必需的。

回归测试通常被认为是“程序重新确认”。典型的回归测试通常包括纠正型回归测试和包括增量型回归测试。纠正型回归测试指的是在程序修改后对程序进行的回归测试，而增量型回归测试指的是在程序增加新特性后对程序进行的回归测试。

回归测试可以运用在软件开发的各个阶段。例如，在单元测试中，因为增加新方法而发生了改变，这时就要执行回归测试以保证未修改的方法仍然运行正确。当然，软件开发人员也可以通过适当的证据证明新增加的方法对原有方法没有影响，这种情况下回归测试是多余的。

当对软件的某个子系统进行修改，得到软件的一个新版本时，回归测试也是必需的。如果对软件的一个或多个构件进行了修改，整个软件也必须进行回归测试。在某些情况下，当底层硬件发生变化时，不管软件有无变更，也是需要进行回归测试的。

二、回归测试的过程

回归测试的过程如图 5-6-1 所示。该过程假设回归测试是针对 P′ 进行的。通常，从 P 到 P′ 要经历一系列任务（图 5-6-1 中没有表示），如需求的变更、设计和代码的修改等。需求的变更可能只要求简单修改 P 中的一个错误，也可能是某个构件的重新设计和编码。任何情况下，修改 P 或为 P 增加新功能后，都需要进行回归测试。

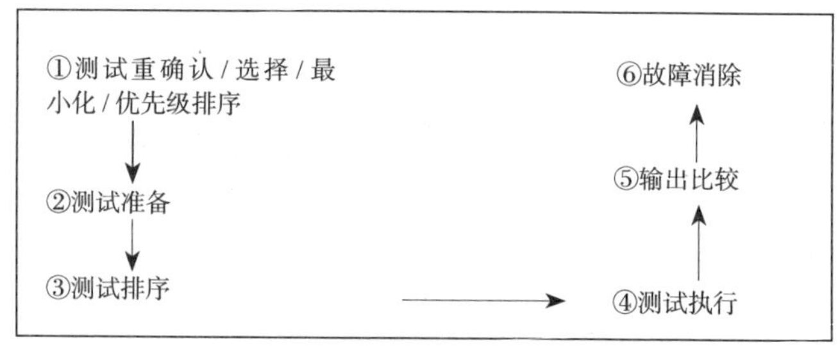

图 5-6-1 回归测试的过程

图 5-6-1 中的任务是按照某种顺序排列的，当然也可能还有其他顺序。修改 P 产生 P′ 时，需要完成图中的几个任务。除了某些特殊情况，图 5-6-1 中的全部任务在几乎所有测试阶段都要执行，而不是回归测试所特有的。

（一）测试重确认 / 选择 / 最小化 / 优先级排序

理想情况下，应该让 P′ 执行 P 的所有测试用例。但是，由于各种各样的原因，这几乎不可能做到。例如，没有足够的时间执行所有测试，或者 P 的测试用例可能因为各种原因对 P′ 是无效的，比如输入数据的变化及特定格式的变化等。在另一些场景中，某些测试输入对 P′ 仍然有效，但是输出却发生了变化。因此，在图 5-6-1 中，步骤①是必需的。

测试重确认的任务是检查 P 的测试用例，以确定哪些对 P′ 是有效的。测试重确认的目的是确保回归测试时只使用那些对 P′ 有效的测试用例。

测试选择可以用几种方式来解释。对 P 有效地测试对 P′ 可能是多余的，因为它们的执行轨迹不经过 P′ 中已修改的代码。识别那些执行轨迹经过 P 修改部分的测试过程就被称为测试选择，有时也被称为回归测试选择（RTS）。下面介绍的测试最小化和测试优先级排序都属于测试选择方面的技术。

测试最小化可以根据某些准则丢弃那些多余的测试用例。例如，t1 和 t2 都测试了 P 的功能 f，那么在测试最小化的时候，就有可能丢下 t2 而留下 t1。测试最小化的目的是在回归测试时减少执行测试用例的数目。

测试优先级排序是基于某些准则对测试用例进行排序。当因资源受限只能执行部分测试用例时，测试优先级排序就会发挥作用，根据测试用例的优先级顺序选择少数测试用例执行。

（二）测试准备

测试准备指将被测软件置于预期的或者模拟的测试环境中，准备接收数据并产生需要的输出信息。这个过程也许非常简单，可能只是双击应用软件的按钮启动测试即可；也可能非常复杂、需要建立专用的硬件和监测设备，测试前还要初始化环境。当测试嵌入式软件时，测试准备过程甚至更具挑战性，这些软件可能嵌入在打印机、蜂窝电话、自动对讲机、汽车引擎控制器等设备中。

测试环境的建立并不是回归测试所特有的。在测试的其他阶段，例如在集成测试或者系统测试时，也是必需的。通常测试准备需要使用模拟器来代替软件控制的真实设备。例如，一个心脏模拟器被用来进行心脏起搏器这类心脏控制设备的测试。模拟器用于测试心脏起搏器软件而不需要将设备植入人体中。

测试准备过程高度依赖于被测软件及其软硬件环境。例如，汽车引擎控制软件与移动电话软件的测试准备过程完全不同，前者需要一个引擎模拟器或者受控的真实引擎，后者需要一个测试驱动器来模拟不断变化的环境。

（三）测试排序

对具有内部状态且连续运行的软件来讲（银行结算软件、Web 服务软件、引擎控制器等都属于这类软件），测试排序非常重要。

（四）测试执行

通常使用通用或者专用工具来自动执行测试。通用工具可用来执行类似 Web 服务软件的回归测试，但是多数嵌入式系统都有特殊的硬件要求，常需要专用工具以批处理的方式自动执行测试集。

虽然不能过分强调测试执行工具的重要性，但是由于商业软件一般规模较大，新版本发布时回归测试集较大。因此，手工执行回归测试集是不切实际的，并且容易出错。

（五）输出比较

每个测试用例都需要进行输出比较。测试执行工具可以用来自动比较软件实际的输出和期望的输出，从而实现输出比较。但这并不是一个简单的过程，对嵌入式软件来说更是如此。在这些软件中，必须检查软件的内部状态或软件控制的硬件状态，所以通用工具不适合用于这种类型的输出比较。

测试的目的也包括测试软件的性能，例如，Web 服务器每秒能处理多少请求。此时，测试人员感兴趣的是性能，而非功能正确性。测试执行工具必须具备相应的特定功能来进行这种测试。

三、回归测试的策略

回归测试是在程序有修改的情况下保证原有功能正常的一种测试策略和方法。因此，这时的测试一般不需要进行从头到尾的全面测试，而是根据修改的情况和由修改引起的影响面来进行有效的测试。另外，由于扩充和维护的测试用例库可能变得相当庞大，每次回归测试都重新运行完整的测试用例包变得不切实际，时间和成本约束也不允许。因此，需要根据软件修改所影响的范围，从测试用例库中选择相关的测试用例，构造一个优化的测试用例集合来完成回归测试。

（一）测试用例库的维护方法

为了最大限度地满足客户的需要和适应应用的要求，软件在其生命周期中会频繁地被修改并不断推出新的版本，修改后的或者新版本的软件会添加一些新的功能或者在软件功能上产生某些变化。随着软件的改变，软件的功能和应用接口及软件的实现发生了演变，测试用例库中的一些测试用例可能会失去针对性和有效性，而另一些测试用例可能会变得过时，还有一些测试用例将完全不能运行。为了保证测试用例库中测试用例的有效性，必须对测试用例库进行维护。同时，被修改的或新增添的软件功能，仅仅靠重新运行以前的测试用例并不足以揭示其中的问题，有必要追加新的测试用例来测试这些新的功能或特征。因此，测试用例库的维护工作还应包括开发新的测试用例，这些新的测试用例主要用于测试软件的新特征或者覆盖现有测试用例无法覆盖的软件功能或特征。

测试用例的维护是一个不间断的过程，通常可以将软件开发的基线作为基准，维护的主要方法包括下述四个方面。

1. 删除过时的测试用例

需求的改变等可能会使一个基线测试用例不再适合被测试系统，这些测试用例就会过时。例如，某个变量的界限发生了改变，原来针对边界值的测试就无法完成对新边界值的测试。所以，在软件的每次修改后都应进行相应的过时测试用例的删除。

2. 改进不受控制的测试用例

随着软件项目的进展，测试用例库中的用例会不断增加，其中会出现一些对输入或运行状态十分敏感的测试用例。这些测试不容易重复且结果难以控制，会影响回归测试的效率，需要进行改进，使其达到可重复和可控制的要求。

3. 删除冗余的测试用例

如果存在两个或者更多个测试用例针对一组相同的输入和输出进行测试，那么这些测试用例是冗余的。冗余测试用例的存在降低了回归测试的效率。因此，需要定期地整理测试用例库，并将冗余的用例删除。

4. 增添新的测试用例

如果某个程序段、组件或关键的接口在现有的测试中没有被测试，那么应该开发新的测试用例重新对其进行测试。并将新开发的测试用例合并到基线测试包中。

对测试用例库的维护不仅可以改善测试用例的可用性，而且可以提高测试库的可信性，同时可以将一个基线测试用例库的效率和效用保持在一个较高的级别上。

（二）回归测试集的选择策略

在软件生命周期中，即使一个得到良好维护的测试用例库也可能变得相当大，这使每次回归测试都重新运行完整的测试包变得不切实际。一个完全的回归测试包括每个基线测试用例，时间和成本约束可能阻碍运行这样一个测试，有时测试组不得不选择一个缩减的回归测试集来完成回归测试。

在做回归测试的时候可以采用两种不同的策略。

1. 完全重复测试

完全重复测试就是把所有的测试用例全部重新地执行一遍，以确认缺陷修改的正确性和修改后周边是否受到影响。这是一种比较安全的策略，具有最低的遗漏回归错误的风险，但测试成本最高。完全重复测试几乎可以应用到任何情况下，基本上不需要进行额外的分析和重新开发。但是，随着开发工作的进展，测试用例不断增多，重复原先所有的测试将带来很大的工作量，往往会超出人们的预算和进度。

2. 选择性重复测试

选择性重复测试就是选择部分测试用例构成回归测试集来完成测试，以确认问题修改的正确性和修改后周边是否受到影响。选择性重复测试主要有以下三种方法。

（1）基于风险选择测试

可以基于一定的风险标准来从基线测试用例库中选择回归测试集。首先运行最重要的、关键的和可疑的测试，跳过非关键的、优先级别低的或者高稳定的测试用例。这些用例即便可能测试到缺陷，这些缺陷的严重性也比较低。

（2）基于操作剖面选择测试

如果基线测试用例库的测试用例是基于软件操作剖面开发的，那么测试用例的分布情况反映的就是系统的实际使用情况。回归测试所使用的测试用例个数可以由测试预算确定，回归测试可以优先选择那些针对最重要或最频繁使用功能的测试用例，释放和缓解最高级别的风险，有助于尽早发现那些对可靠性有最大影响的故障。

（3）再测试修改的部分

当测试者对修改的局部化有足够的信心时，可以通过相依性分析识别软件的修改情况及其影响，将回归测试局限于被改变的模块和它的接口上。通常，一个回归错误一定涉及一个新的、修改的或删除的代码段。在允许的条件下，回归测试应尽可能覆盖受影响的部分。这种方法可以在一个给定的预算下最有效地提高系统可靠性，但需要良好的经验和深入的代码分析。

（三）回归测试的基本过程

有了测试用例库的维护方法和回归测试集的选择策略，回归测试可遵循下述基本过程进行。

①识别出软件中被修改的部分。

②从原基线测试用例库 T 中排除所有不再适用的测试用例，确定那些对新的软件版本依然有效的测试用例，其结果是建立一个新的基线测试用例库 T0。

③依据一定的策略从 T0 中选择测试用例测试被修改的软件。

④如有必要，生成新的测试用例集 T1，用于测试 T0 无法充分测试的软件部分。

⑤用 T1 执行修改后的软件。

步骤②和③测试验证修改是否破坏了现有的功能，步骤④和⑤测试验证修改工作本身。

第六章　软件测试环境的搭建与管理

要进行软件测试，首先要建立适用于软件测试的环境，这是软件测试能够有效运行的基础和保证。本章主要介绍软件测试环境的搭建与管理，分别论述了软件测试环境的搭建和软件测试环境的管理与维护。

第一节　软件测试环境的搭建

一、软件测试环境搭建步骤

（一）机房环境建设

为了保证软件测试能够稳定、可靠地运行，测试实验室机房必须满足计算机系统及工作人员对温度、湿度、洁净度、风速度、电磁场强度、电源质量、噪声、照明、振动、防火、防盗、防雷、屏蔽和接地等的要求，因此需要为计算机系统寻求和建立能够充分发挥其功能、延长机器寿命，以及确保测试人员身心健康，并满足其各项要求的合适的场地。

（二）硬件环境的建立

按照软件测试的要求，为测试人员配备工作组服务器、个人服务器、个人计算机及配套设备等。

硬件环境建立后要整理资料，记录配置清单，以便于软件测试环境的管理。

（三）网络环境的建立

根据测试的需要，把工作组服务器、个人服务器、个人计算机及其他设备，通过集线器、交换机、路由器等网络设备连接起来。如果需要，还可以把实验室计算机设备接入因特网线路，以备测试需要。

网络环境建设时要注意保证测试所需要的网络带宽的设计和测试，同时要保证实际的运行带宽与理论设计的一致，以免在网络流量方面影响软件测试的结果。

网络环境配置完后，应该整理出网络拓扑结构图以备测试人员快速了解网络环境。

（四）软件环境的建立

一般情况下，搭建软件测试环境，可以通过安装包来完成。配制组将所有子系统、组件、环境变量设置、注册、第三方软件、依赖项等配置好，做成安装包。测试人员只要用安装包安装环境就可搭建成功，不用再额外配置。

安装的过程要认真仔细，确保软件正常运行。因为目前的软件安装都是采用硬盘克隆的方式，所以第一台机器至关重要，不但不能缺少必需的软件，而且各个软件必须都能正常运行。这就需要反复调试、反复试验，只有确信这一台机器正常运转，才可以把它作为母本进行克隆。

现在采取的克隆方法是利用 Ghost 11 进行网络克隆，就是将备好的一台机器的硬盘整个作为一个映像文件，其他机器在 DOS 系统下连接到克隆服务器，进行整个硬盘克隆。这种方式不用拆机器，实现起来工作量较小，而且可以多块硬盘同时克隆，节约时间。

软件环境建立起来后，要做好机器的硬盘保护，减少系统维护的工作量。

（五）对整个软件测试环境杀毒

利用有效的正版杀毒软件检测软件测试环境，保证软件测试环境中没有病毒，否则会影响软件测试工作的顺利进行和测试的结果。

（六）软件测试环境说明及备案

在软件的开发过程中，创建可复用的软件构件库的技术是软件开发人员所追求的一种高级技术，也可以尝试用应用软件来构建可“复用”的软件测试环境，往往要用到如 Ghost，Drive Image 等磁盘备份工具软件，利用这种方法可节省大约 90% 的时间。这些工具软件主要实现对磁盘文件的备份和恢复（或称还原）功能。在应用这些工具软件之前，首先要做好以下几件十分必要的准备工作。

①确保所使用的磁盘备份工具软件本身的质量可靠性，建议使用正版软件。

②利用有效的正版杀毒软件检测要备份的磁盘，保证软件测试环境中没有病毒，并确保测试环境中所运行的系统软件、数据库、应用软件等已经安装调试好，且全部正确无误。

③为减少镜像文件的体积，要删除掉 Temp 文件夹下的所有文件及其他临时文件、缓存文件等；选择采用压缩方式进行镜像文件的创建；在安装大型应用软件（如音视频、图形图像处理软件）时，尽量将其工作区文件夹、临时文件夹设置在非系统盘，这样系统盘就不至于过分膨胀，可使要备份的数据量大大减少。

④再进行一次彻底的磁盘碎片整理，将系统盘调整到最优状态。

完成了这些准备工作，就可以用磁盘备份工具软件逐个创建各种组合类型的软件测试环境的磁盘镜像文件了。对已经创建好的各种镜像文件，要将它们设置成系统、隐含、只读属性。这样，一方面可以防止意外删除、感染病毒；另一方面可以避免在对磁盘进行碎片整理时，频繁移动镜像文件的位置，从而可节约整理磁盘的时间。同时，还要记录好每个镜像文件的适用范围、所备份的文件的信息等内容。最后，还要将每个镜像文件提交到专用的软件测试环境库中（一般存放在网络文件服务器上），软件测试环境库要存放在单独的硬盘分区上，不要和其他经常需要读写的文件放在一起，并尽量不要对软件测试环境库所在的硬盘分区进行磁盘整理，以免对镜像文件造成破坏。还有，软件测试环境库存放在网络文件服务器上的安全性并不太高，最好同时将它们制作成可自启动的光盘，由专人进行统一管理；一旦需要搭建软件测试环境，就可通过网络、自启动的光盘或硬盘等方式，由专人负责将镜像文件恢复到指定的目录中去，这项工作完成后，被还原的硬盘上原有信息将完全丢失，所以请慎重使用，可先把硬盘上原有的重要文件资料提前备份，以防不测。

二、软件测试环境搭建举例

例：JSP 站点测试环境的搭建。

搭建 JSP 站点测试环境就是按照站点内容部署测试环境，具体包括对 Web 服务器、数据库服务器、实际运行的计算机等设备上的硬件、软件设备进行配置。

（一）硬件环境的建立

硬件的最低要求如下。

1. 交换机

交换机：Cisco 2950

2.Web 服务器

处理器（CPU）：Pentium 4 2 GHz 或更高。

内存（RAM）：至少 512 MB，建议 1 GB 或更多。

硬盘：硬盘空间需要约 20 GB 的程序空间，以及预留 60 GB 的数据空间。

显示器：需要设置成 1024 × 768 模式。

网卡：100 Mbps。

3. 工作站

处理器（CPU）：Pentium 4 1.4 GHz 或更高。

内存（RAM）：512 MB。

硬盘：40 GB。

显示器：需要设置成 1024 × 768 模式。

网卡：100 Mbps。

（二）网络环境的建立

网站测试要求在 100 M 局域网环境之中。网络拓扑结构图如图 6-1-1 所示。

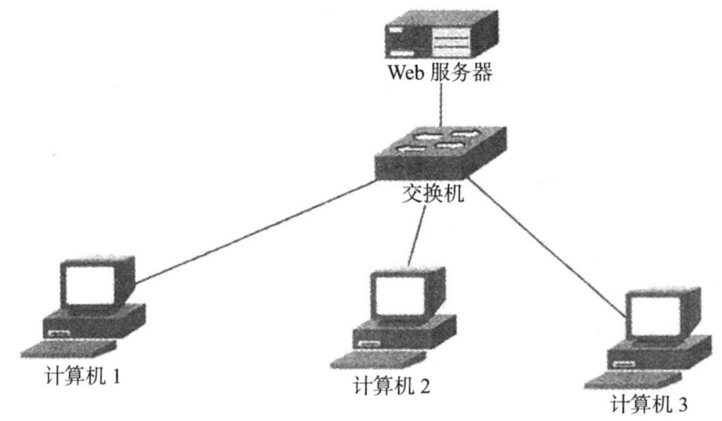

图 6-1-1　网络拓扑结构图

（三）软件环境的建立

JSP（Java Server Pages）是一种执行于服务器端的动态网页开发技术，它基于 Java 技术。执行 JSP 时，需要在 Web 服务器上架设一个编译 JSP 网页的引擎。配置 JSP 测试环境可以有多种途径，但主要工作就是安装和配置 Web 服务器及 JSP 引擎。下面就以 Tomcat 服务器作为 JSP 引擎来搭建 JSP 测试环境。

1. 相关软件

① JDK：它是 Java 语言的软件开发工具包，是 Java 应用程序的基础。JSP 是基于 Java 技术的一种动态网页开发技术，因此配置 JSP 环境之前必须要安装 JDK。版本：JDK7（JDK1.7）。

② Tomcat 服务器：Apache 组织开发的一种 JSP 引擎，本身具有 Web 服务器的管理功能。版本：Tomcat8。

③ MySQL 服务器：一种免费的后台数据库管理系统，支持多个系统平台。版本：MySQL5.6.24。

④ JDBC 驱动：一个压缩包，并不需要安装，只要将其解压缩即可。文件名称及版本：mysql-connector-java-5.0.8、mysql-connector-java-5.0.8-bin.jar。

⑤ Navicat for MySQL：MySQL 界面插件。

2. 安装配置 JDK

（1）安装 JDK

在 Windows 下，直接运行下载的“jdk-7u79-windows-i586.exe”文件，如图 6-1-2 所示。

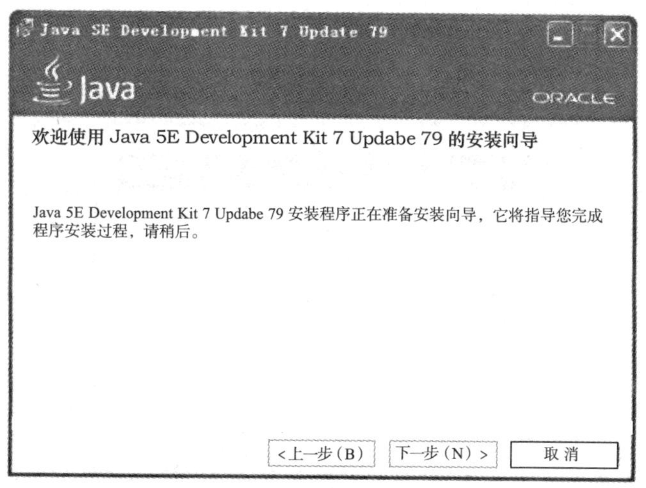

图 6-1-2　Java 安装欢迎界面

根据安装向导安装到一个目录下，例如安装到“C：\Program Files\Java\jdk1.7.0_79”文件夹下，如图 6-1-3 所示。

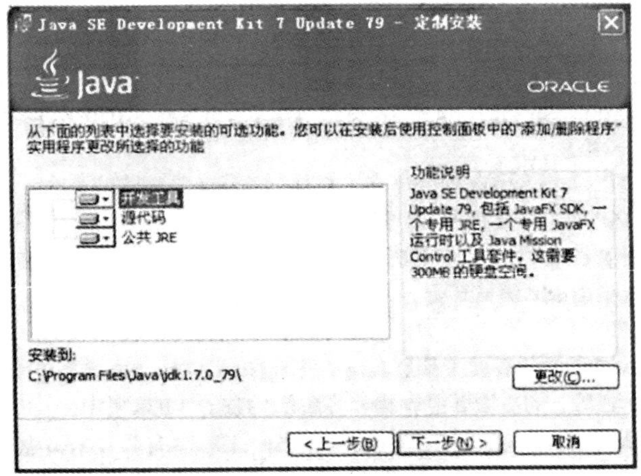

图 6-1-3 JDK 安装路径选择

（2）添加环境变量

右击“我的电脑”图标，在弹出的菜单中选择“属性”→“系统特性”→“高级”→“环境变量”选项，弹出“环境变量”对话框，就可以编辑系统的环境变量了。添加 PATH，JAVA_HOME，CLASSPATH 三个变量，如图 6-1-4 所示。

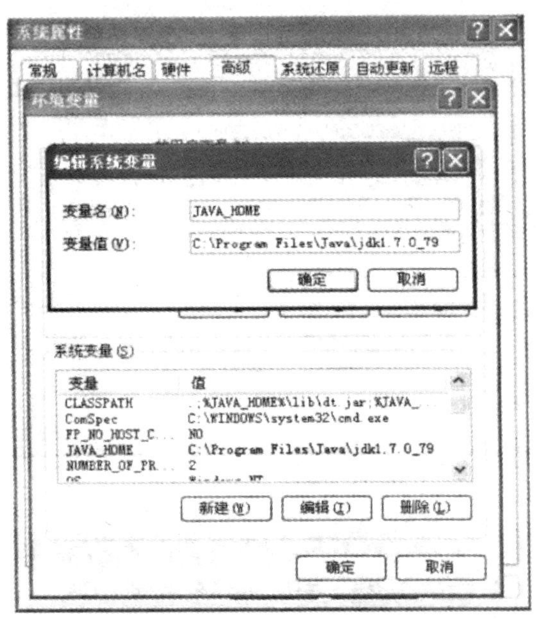

图 6-1-4 JDK 安装环境变量设置

3. 安装配置 Tomcat 服务器

①直接运行下载的“apache-tomcat 8.0.22.exe”，按照一般的 Windows 程序安装步骤即可安装好 Tomcat 服务器，安装时它会自动寻找 JDK 的位置，例如安装到“C：\Program Files\Apache Software Foundation\Tomcat 8.0”文件夹下，如图 6-1-5 所示。

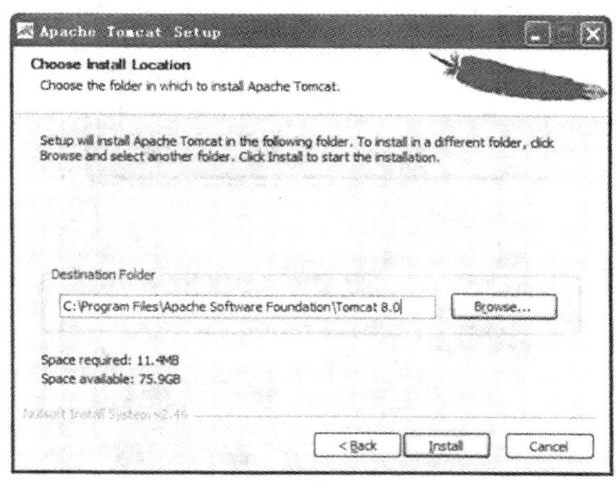

图 6-1-5　Tomcat 服务器安装路径

②设置 Tomcat 服务器的端口，默认是 8080，而标准的 Web 服务器的端口是 80。在这里，可以把默认的端口更改为 80，也可以安装完后在配置文件中修改，如图 6-1-6 所示。

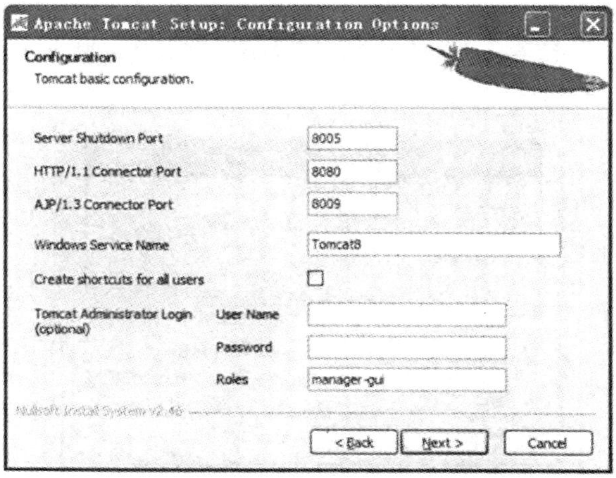

图 6-1-6　Tomcat 服务器端口设置

③配置 Tomcat 服务器的环境变量。添加一个新的环境变量 TOMCAT_HOME，变量值为“C：\Program Files\Apache Software Foundation\Tomcat 8.0”，添加方法同 JDK 环境变量的配置方法，如图 6-1-7 所示。

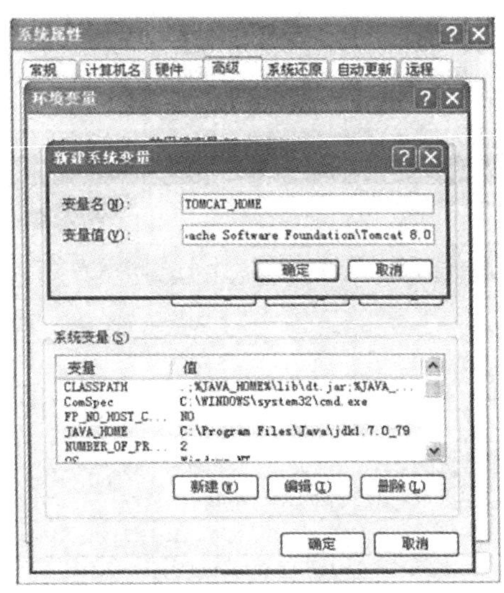

图 6-1-7　Tomcat 服务器环境变量设置

④测试默认服务。环境变量设置完毕后就可以运行 Tomcat 服务器了。启动 Tomcat 服务器后，打开浏览器，在地址栏中输入“http://localhost：8080（Tomcat 服务器默认端口为 8080）”。如果在浏览器中看到 Tomcat 服务器的欢迎界面，表示 Tomcat 服务器工作正常，如图 6-1-8 所示。

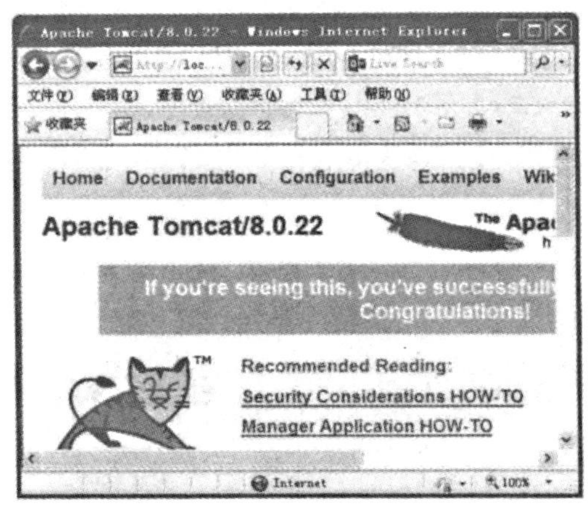

图 6-1-8　Tomcat 服务器安装成功界面

4. 安装配置 MySQL

安装 MySQL 比较简单，按照提示安装即可，如图 6-1-9 所示。

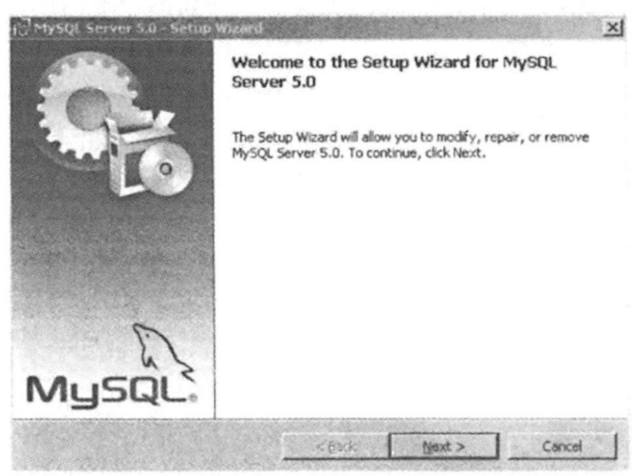

图 6-1-9　MySQL 安装界面

MySQL 安装好后，最重要的一个步骤就是要看数据库有没有作为系统服务启动，所以在进行数据库操作前，应先检查操作系统的“开始”→“运行”→“输入”→ services.msc，确定在安装时设置的关于 MySQL 的那个服务已经启动，这样在操作数据库时就不会出现连接不上的错误。起初是在 DOS 下用命令行进行操作的。现在可以在 MySQL 里建一个数据库 shujuku，以及在数据库里建一个表 biao。具体的命令如下。

①在 MySQL 的安装目录下的 bin 目录中启动可执行文件，进入 DOS 状态。

②连接 MySQL 输入“Mysql h localhost u root p”，然后输入在安装时已设好的密码，就进入了 MySQL 的命令编辑界面。

③使用 MySQL 的基本命令。

a. 显示数据库：show databases。

b. 使用数据库：use 数据库名。

c. 建立数据库命令：create database shujuku。

d. 设置数据库权限：grant all privileges on shujuku。

e. 建表命令：create table biao（idint（8）primary key，name varchar（10））。

f. 退出：exit。

完全使用命令操作数据库会很不方便，上面提到了一个较方便的 MySQL 界面插件 Mysql-front。它完全可以胜任建库、设定权限等操作，下面简单介绍其使用方法。首先，安装时根据安装向导提示进行，很容易完成。

安装后第一次运行时会提示添加数据库，例如添加上面已经设定好的数据库 shujuku 进入 Mysql-front 后，就会出现可操作界面，也可以把 root 用户加进去，需要在 Mysql-front 的界面上选择“设置”→“对话”→“新建”选项。除了 root 用户，还可以加入更多的用户，方法一样，设置不同的用户可以更加方便对不同数据库进行管理。

5. 配置 JDBC 驱动

在配置前先要把“mysql-connector-java-5.0.8-bin.jar”复制到“C：\Program Files\Java\mysqlforjdbc”文件夹下，然后根据路径配置 classpath。

配置的目的是让 Java 应用程序找到连接 MySQL 的驱动。配置完环境变量后，还有很重要的一步就是为 JSP 连接数据库配置驱动，把“mysql-connector-java-5.0.8-bm.jar”复制到“C: \Program Files\Apache Software Foundation\Tomcat 8.0\lib”文件夹下即可。

6. JSP 连接 MySQL

现在可以用 JSP 连接数据库，以便测试带有后台数据库的动态网站系统。然后把该文件部署到 Tomcat 主目录下，就可以在浏览器中看到结果了。

（四）对整个测试环境杀毒

配置完 JSP 测试环境后，一定要对整个服务器进行查毒、杀毒，确保测试结果不受病毒的影响和破坏。

（五）测试环境说明及备案

在测试之前，应该把整个测试环境以文字的形式给出详细的说明，以备测试人员查看。

（六）测试项目

把需要测试的 JSP 网站文件放在“F：\Tomcat\webapps\examples\jsp”目录下，然后就可以在局域网的环境下测试 Web 站点了。

第二节　软件测试环境的管理与维护

软件测试环境的维护不仅是管理员的职责，也是每个测试人员的职责。维护的概念不仅包括硬件设备的保养维修，更重要的是维护软件测试环境的正确性。何时需要更新操作系统，何时需要软件版本升级，何时需要调整网络结构，只有测试人员真正了解需求，软件测试环境正确与否直接影响软件测试结果。

一、软件测试环境访问权限的管理

应当为每个访问软件测试环境的测试人员和开发人员设置单独的用户名，并根据不同的工作需要设置不同的访问权限，以避免误操作对软件测试环境产生不利的影响。下面的要求可以作为建立“软件测试环境访问权限管理规范”的基础。

访问操作系统、数据库、中间件、WEB 服务器及被测软件等所需的各种用户名、密码、权限，由软件测试环境管理员统一管理。

①软件测试环境管理员拥有全部的权限。

②除对被测软件的访问权限外，一般不授予开发人员对软件测试环境其他部分的访问权限。如确有必要（如查看系统日志），则只授予只读权限。

③除软件测试环境管理员外，其他测试组成员不授予删除权限。

④用户及权限的各项维护、变更，需要记录到相应的“用户权限管理文档”中。

二、软件测试环境的变更管理

对软件测试环境的变更应当形成一个标准的流程，并保证每次变更都是可追溯的和可控的。下面的四项要点并不是一个完整的流程，但是可以帮助大家实现这个目标。

①软件测试环境的变更申请由开发人员或测试人员提出书面申请，由软件测试环境管理员负责执行。软件测试环境管理员不应接受非正式的变更申请。

②对软件测试环境的任何变更均应记入相应的文档。

③与每次变更相关的变更申请文档、软件、脚本等均保留原始备份，作为配置项进行管理。

④对于被测软件的发布，开发人员应将整个系统打包为可直接发布的格式，由软件测试环境管理员负责实施。软件测试环境管理员不接受不完整的版本发布

申请，对软件测试环境做出的变更，应该可以通过一个明确的方法返回到之前的状态。

三、软件测试环境的备份和恢复

对于测试人员来说，测试环境必须是可恢复的，否则将导致原有的测试用例无法执行，或者发现的缺陷无法重现，最终使测试人员已经完成的工作失去价值。因此，应当在测试环境（特别是软件环境）发生重大变动（例如安装操作系统、中间件或数据库，为操作系统、中间件或数据库打补丁等对系统产生重大影响并难以通过卸载恢复）时进行完整的备份，例如使用 Ghost 对硬盘或某个分区进行镜像备份，并由测试环境管理员在相应的“备份记录”文档中记录每次备份的时间、备份人以及备份原因（与上次备份相比发生的变化），以便于在需要时将系统重新恢复到安全可用的状态。

另外，每次发布新的被测软件版本时，应当做好当前版本的数据库备份。而在执行测试用例或性能测试场景之前，也应当做好数据备份或准备数据恢复方案。例如，通过运行 SQL 脚本来将数据恢复到测试执行之前的状态，以便于重复使用原有的数据，减少因数据准备和维护而占用的工作量，并保证测试用例的有效性和缺陷记录的可重现。

第七章　软件测试的基本过程

本章主要介绍了软件测试的基本过程，详细论述了测试计划阶段、测试设计阶段、测试执行阶段和测试评估阶段这几个过程。

第一节　测试计划阶段

测试计划（Testing Plan）是描述了要进行的软件测试活动的范围、方法、资源和进度的文档；是对整个信息系统应用软件组装测试和确认测试安排。它确定测试项、被测特性、测试任务、谁执行任务、各种可能的风险。测试计划可以有效预防计划的风险，保障计划的顺利实施。

为什么要制订测试计划？首先，计划是工作或行动前预先拟定的具体内容和步骤，在实际生活中进行的各种活动都可以制订计划。比如，人们去旅游，可以制订一个旅游计划；人们去学习，需要制订一个学习计划；人们去工作，需要制订一个工作计划。预先拟订的计划是完成相应任务的总体指导方针、原则和步骤。计划的根本目的是把工作做好，这就是“三思而后行”。

软件测试工作对于软件项目而言是一件重要的、复杂的、正规的工作，更需要有测试计划作为工作总的指导原则。如果没有测试计划，软件测试工作就像一盘散沙。制订测试计划有以下好处。

①测试计划是项目管理人员、测试人员及设计人员之间共同交流和参与的结果，测试计划使项目的各个成员充分沟通，以达到有效测试的目的。

②测试计划预先规定了测试的目的、方法、步骤、进度、风险等内容，按照计划进行测试可以使软件测试工作进行得更加顺利。

③测试计划对软件测试工作进行了分解，便于明确测试人员的工作责任和内容。测试计划又可以在软件测试过程中起到监督和控制的作用。

④测试计划是软件测试工作的起点，只有在制订了完善的测试计划之后，才可以开始软件测试工作。

一、测试计划的目标

软件测试计划，要达到的目标如下。

①为测试各项活动制订一个现实可行的、综合的计划，包括每项测试活动的对象、范围、方法、进度和预期结果。

②为项目实施建立一个组织模型，并定义测试项目中每个角色的责任和工作内容。

③开发有效的测试模型，能正确地验证正在开发的软件系统。

④确定测试所需要的时间和资源，以保证其可获得性、有效性。

⑤确立每个测试阶段测试完成及测试成功的标准、要实现的目标。

⑥识别出测试活动中的各种风险，并消除可能存在的风险，降低由不可能消除的风险所带来的损失。

二、测试计划的内容

（一）测试计划标识符

指定分配给某个测试计划的唯一标识符，它可以作为项目配置管理的输入，比如 AP05-0103 等。

（二）概述

概述测试的目的、背景、范围及参考文档，概括被测试的软件项及软件特征。

尽量提供以下在最高级别测试计划中需要的参考文档。

①项目授权。

②项目计划。

③质量确认计划。

④配置管理计划。

⑤相关策略。

⑥相关标准。

（三）测试项

识别包含版本及修订版本信息的测试项，测试项列举如下。

1. 程序模块

被测试的程序模块将按照表 7-1-1 中的方式进行标识。

表 7-1-1　程序模块标识

序号	类型	库	成员名字
1	源代码	S0URLIB1	AP0302，AP0305
2	可执行代码	MACLIB1	AP0301，AP0302，AP0305

2. 工作控制过程

应用程序、分类及公用程序的控制过程将按照表 7-1-2 中的方式进行标识。

表 7-1-2　工作控制过程标识

序号	类型	库	成员名字
1	应用程序	PR0CLIB1	AP0401
2	分类	PR0CLIB1	AP0402
3	公用程序	PR0CUB1	AP0403

3. 用户操作步骤

用户操作步骤可以引用其他资料来描述，比如在《信号采集与处理系统用户参考手册》中描述的在线操作步骤。

4. 操作员操作过程

操作员操作过程可以引用其他资料来描述，比如在《信号采集与处理系统操作参考手册》中描述的操作过程。

（四）被测试特征

识别所有被测试特征及其组合。识别与被测试特征及其组合相关联的设计指南。这里描述的被测试特征通常是在较高层次中的描述，其细节在后续的测试设计中再展开。

例如，对于信号采集与处理系统而言，下面列表描述其被测试特征。如表 7-1-3 所示，测试设计说明标识符是指为完成该测试特征对应的测试设计说明文档的唯一标识符，通过该标识符可以找到相应的对该测试项进行测试的详细测试设计文档。

表 7-1-3　信号采集与处理系统被测试特征描述

序号	测试设计说明标识符	被测试特征描述
1	AP06-01	数据存储格式
2	AP06-02	数字滤波功能
3	AP06-03	积分功能
4	AP06-04	数据导出功能
5	AP06-05	数据列表功能
6	AP06-06	数据报告功能
7	AP06-07	全性
8	AP06-08	可恢复性
9	AP06-09	性能

（五）不被测试的特征

识别所有不被测试的特征及其有意义的组合并说明原因。

对于 BL-420 信号采集与处理系统 2.0 版本而言，由于其已经删除了数据同步显示功能，因此不再对原说明书上的该项功能进行测试。

（六）测试方法

测试方法是描述测试的总体方法，为每一个主要的特征组或特征组合指定测试方法，保证这些特征组或特征组合被充分地测试，指出用于测试指定特征组的主要活动，技术以及工具。

在测试计划中，需要详细地描述测试方法，以识别主要的测试任务及估算每个测试的时间。

1. 测试方法分类

测试方法可以按照以下描述分类。

①预防性方法，测试用例的设计越早越好。

②被动性方法，在软件或系统设计出来后再设计测试用例。

2. 典型测试方法

典型的测试方法包括以下内容。

①分析的方法，比如基于风险的测试，直接作用在最大风险的领域。

②基于模型的方法，比如利用失效率（Failure Rate）的统计信息或使用方法的统计信息来进行随机测试（Stochastic Testing）。

③系统的方法，比如基于失效的［包括错误推测（Error Guessing）和故障攻击（Fault attacks）］方法，基于检查表（Check list）的方法，基于质量特征（Quality Characteristic）的方法。

④基于与过程或标准一致的方法，比如在工业化标准中规定的或其他敏捷的方法。

⑤动态和启发式的方法，比如被动而非提前计划的探索性测试，因而其执行和评估是同时进行的。

⑥非回归方法，比如重用已经存在的测试材料、广泛的功能回归测试的自动化、测试套件标准化等。

通常而言，测试策略并非只使用一种测试方法，而是使用多种测试方法的组合，比如基于风险的动态测试方法、边界值分析与因果图分析相结合的测试方法等。

（七）测试出口准则

测试出口准则（Exit Criteria）的目的是定义什么时候可以停止测试，比如某个测试级别的结束，或者测试达到了规定的目标（98% 的测试案例通过）。

测试出口准则的主要内容包括完整性测量，代码、功能或风险的覆盖率。

如果执行完所有计划的测试用例后，测试出口准则的一个或多个条目还没有满足，一个可行的方法是考虑设计更多的测试用例，执行更多的测试，以满足出口准则。另一个可行的方法是修改测试出口准则。如果需要增加测试用例，需要注意保证新的测试用例有助于满足相应的出口准则。否则，额外的测试用例只会增加工作量而不会对满足出口准则有任何改进。

为了满足出口准则，有时需要采用不同的测试技术。例如，测试系统对某异常情况的响应时，由于现行的测试环境不能够引入或者模拟这种异常情况，处理这种异常情况的代码就不能够被执行和测试。在这种情况下，应当使用其他的测试方法（例如静态分析）对代码进行分析和评估。

出口准则主要包含以下内容。

①完整性测量，例如代码、功能或风险的覆盖率。

②对缺陷密度或可靠性度量的估算。

③成本。

④遗留风险，例如没有被修改的缺陷或在某些部分测试覆盖率不足。

⑤进度表。

（八）挂起准则及重启要求

①挂起（Suspension）准则指用于暂停所有或部分与测试计划相关联测试项的测试活动的准则。

②重启要求指测试挂起后要重新开始测试必须重复的测试活动。

例如，信号采集与处理系统在测试过程中发现严重缺陷，出现记录的文档无法打开，这将造成该系统的主要功能不能实现，因此需要挂起测试，直到解决该问题为止。在解决已发现的严重问题后可以重新开始测试。

（九）测试交付文档

软件测试工作需要交付以下文档。

①测试计划。

②测试设计说明书。

③测试用例说明书。

④测试过程说明书。

⑤测试项传输报告。

⑥测试日志。

⑦测试事故报告。

⑧测试总结报告。

⑨测试输入和输出数据被认为是可交付物。测试交付物还可能包括开发的测试工具（比如模块测试中的驱动器和测试桩等）。

（十）测试任务

列出准备测试和执行测试必需的所有任务。测试计划中的任务通常是较高层的任务，在测试设计中还可以细化这些任务。

（十一）测试团队的责任

明确测试团队的分工和责任对于测试工作的顺利开展起到保障作用。如果责任不明，容易造成相互推诿责任的情况出现，从而导致软件测试工作难以进行。

测试团队中可能包括开发人员、测试人员、操作人员、用户代表、技术支持人员、管理人员及质量支持成员等。

（十二）环境需求

描述软件测试工作需要的测试环境特性。测试环境包括硬件环境和软件环境。硬件环境包括计算机及其与被测软件相关的其他硬件系统，比如通信硬件；而软件环境包括操作系统、被测软件依赖的其他平台及测试工具等。

除了指出与测试直接相关的软硬件环境之外，还应指出测试所需的所有资源等。这些资源包括以下五个方面。

①人员：人数，经验和专长，人员是全职、兼职还是学生。

②场地；测试场地在什么地方、有多大等。

③设备：计算机、测试硬件、测试工具等。

④外包公司：是否需要外包公司，怎么选择，费用如何。

⑤其他资源：培训资料，联系方式等。

软件测试工作依赖于测试环境，如果不在测试计划中指出测试环境及测试所需要的资源，测试执行过程中就会遇到困难，而临时性的解决方案往往对软件测试工作造成障碍。

（十三）进度

在测试计划中，测试进度的制订是一项很重要的工作，测试进度保证测试工作的时间是可以预见的。

测试计划中有一个重要的测试活动是确定测试执行进度。测试资源、软件质量和测试时间之间是相互制约的，因此测试执行进度的制订，需要在这三者之间进行平衡。例如项目产品发布的时间是确定的，或者受到市场或客户需求的制约，那么在有限的时间内，需要平衡有限的测试人力资源和其他测试资源来制订测试进度。

很多因素会影响测试执行进度的制订，主要包括时间因素、人力资源、测试文档等。

1. 时间因素

制订测试进度首先需要考虑时间因素。有一些安全关键系统，它们的交付时间受客户的影响比较小，例如航空航天、医疗软件等，在进度和质量发生冲突的时候，更侧重于质量。很多非安全关键系统，如手机游戏软件，由于激烈的市场竞争，厂家都希望能尽快发布产品，或者客户的产品发布时间已经确定。这就导致在制订测试时间进度的时候，产品发布的时间根据产品生命周期或者客户市场的需要已经确定。例如，某软件产品必须在当年 12 月 31 日前交付给客户，所有的开发活动和测试活动的进度安排都必须围绕这个时间点进行。

2. 人力资源

测试活动需要由相关的测试人员来完成。组织根据以往测试活动的经验数据，以及对本测试规模的估算，来确定在这个有效时间段内的测试人员数目和其他的测试资源。例如，在测试执行过程中，该组织测试执行的经验数据是每人每天执行 4 个测试用例，如果指定的测试执行时间是 20 个工作日，需要执行的测试用例数目是 400 个，那么从这些数据中可以得到需要的测试人员至少是 5 个［400/（4×20）］。

测试的人力资源除了数量上的要求，还包括对测试人员具有的技能水平的要求。不同的项目需要不同技能的测试人员。常见的测试执行时需要的技能包括产品相关知识、测试工具使用、测试环境搭建、测试基本理论知识和技能等。在制订测试计划时，需要明确测试人员应该具备的技能。如果发现测试团队缺乏具备相应技能的人员，需要及时制订招募或培训计划，提高团队成员的相关技能水平。

3. 测试文档

完成测试执行以后，需要提交测试报告，包含测试的内容和范围、测试存在的风险、遗留的缺陷（已发现但还没有修改的缺陷）及相应的解决方案和软件质量信息等，所以在测试计划中也应包括相关文档编写的工作量。

测试文档作为测试计划的一部分，可以为产品小组和项目管理员提供信息，以便更好地安排整个项目的进度，并帮助项目负责人做出一些决定，如由于进度原因取消一些功能，将其推迟到下一个版本中等。

（十四）风险和应变计划

指出测试计划中的高风险假设，为每一个风险制订应变计划（测试项的延迟交付可能需要增加加班安排来满足发布日期）。

即使对于小型项目，也需要在开发计划中指出项目潜在的问题和风险，比如测试人员不足、测试人员缺乏经验、测试工具缺乏、软件说明书不全等，这样在遇到这些情况时可以按照预先制订的应变计划来处理。

（十五）批准

指出批准该计划的所有人员的名字和头衔，并预留签字和日期的空间。

三、测试计划的制订过程

测试计划的制订要经过分析和测试软件需求、制订测试策略、定义测试环境、定义测试管理、编写和审核测试计划等过程，如图 7-1-1 所示。

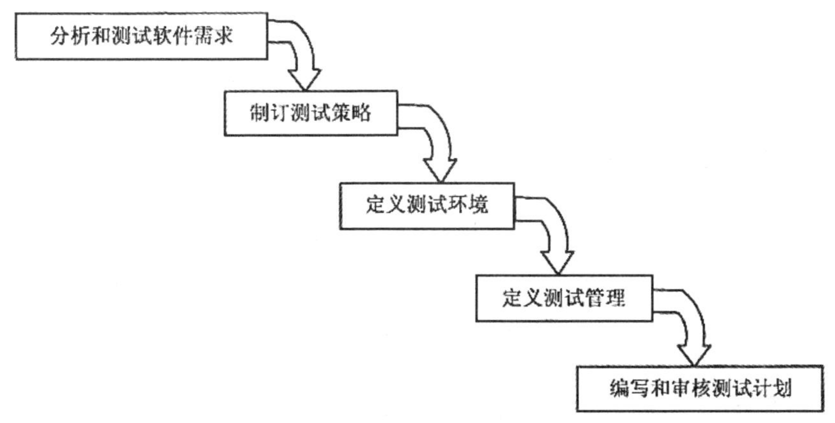

图 7-1-1　测试计划的制订过程

制订测试计划的时候要注意以下关键问题。

（一）明确测试的目标，增强测试计划的实用性

当今，任何商业软件都包含了丰富的功能，软件测试的内容也千头万绪。如何在纷乱的测试内容之间提炼测试的目标，是制订测试计划时首先需要明确的问题。

第一，测试目标必须是明确的、可以量化和度量的，而不是模棱两可的宏观描述。第二，测试目标应该相对集中，避免罗列出一系列目标，从而轻重不分或平均用力。

编写测试计划的重要目的就是使测试过程能够发现更多的软件缺陷，则测试计划的价值取决于它对帮助管理测试项目并且找出软件潜在缺陷的作用有多少。因此，测试计划中的测试范围必须高度覆盖功能需求，测试方法必须切实可行，测试工具具有较高的实用性，便于使用，生成的测试结果直观、准确。

（二）坚持“5W1H”分析方法，明确内容与过程

“5W1H”分析方法中的“5W1H”分别为“What（做什么）”“Why（为什么做）”“When（何时做）”“Where（在哪里）”“Who（谁来做）”和“How（如何做）”。

利用“5W1H”分析方法创建软件测试计划，可以帮助测试团队明确测试的范围和内容（What），理解测试的目的（Why），确定测试的开始和结束日期（When），给出测试文档和软件的存放位置（Where），确定项目有关人员（Who），指出测试的方法和工具（How）。

（三）采用评审和更新机制，保证测试计划满足实际需求

测试计划写作完成后，如果没有经过评审就直接发送给测试团队，测试计划的内容可能不准确或遗漏测试内容，或者软件需求变更引起测试范围的增减，而测试计划的内容没有及时更新，误导测试执行人员。

测试计划包含多方面的内容，编写人员可能受自身测试经验和对软件需求的理解所限，且软件开发是一个渐进的过程，最初创建的测试计划可能是不完善的、需要更新的。因此，需要采取相应的评审机制对测试计划的完整性、正确性、可行性进行评估。例如，在创建完测试计划后，提交到由项目经理、开发经理、测试经理、市场经理等组成的评审委员会审阅，根据审阅意见和建议进行修正和更新。

（四）创建测试计划与测试详细规格、测试用例

编写软件测试计划要避免的一种不良倾向是测试计划的“大而全”，无所不包、篇幅冗长、长篇大论、重点不突出，这既浪费写作时间，又浪费测试人员的阅读时间。“大而全”的一个常见表现就是测试计划文档包含详细的测试技术指标、测试步骤和测试用例。最好的方法是把详细的测试技术指标包含到独立创建的测试详细规格文档中，把用于指导测试小组执行测试过程的测试用例放到独立创建的测试用例文档或测试用例管理数据库中。

测试计划和测试详细规格、测试用例之间是战略和战术的关系，测试计划主要从宏观上规划测试活动的范围、方法和资源配置，而测试详细规格、测试用例

是完成测试任务的具体战术。

另外，要注意的是，一个好的计划可以保证项目 50% 的成功，另 50% 则靠有效的执行；测试计划只是一个文件，不要单纯地去编制一个测试计划，要计划测试过程（不要为了计划而计划）；测试计划是指导要做什么的一套想法，必须起到协调所有与测试相关的人员的作用，包括测试工程师、客户参与人员和项目参与人员。

四、测试计划的内容

（一）软件需求的分析

软件需求是软件开发的前提，同时也是系统验收的依据，软件测试计划的制订应从软件需求分析开始。这样做首先可以尽早地了解被测系统，体现了软件测试的原则；其次，如果在需求分析阶段发现系统存在严重的 Bug（此阶段的 Bug 最多），或者发现不可测的地方，可以及时地进行修改，避免了后期修改 Bug 的巨大成本浪费。

在软件需求分析中，测试工作人员应理解需求，参与审核需求文档，理解项目的目标和限制，了解用户的应用背景，编写测试计划，准备资源。

软件需求分析应按以下步骤进行。

1. 收集用户需求

用户需求的收集是进行软件需求分析的第一步，收集得到的各种用户需求素材是产品需求的唯一来源。可以说收集的用户需求质量影响着产品最终的质量。

2. 编写需求文档

需求文档是进行设计、编码、测试的基础文件，在软件需求文档中，需要描述下列内容：说明，一般描述，各种限制条件、假定和依赖，功能需求，非功能需求，参考。

3. 编写软件功能说明

软件功能说明主要描述软件产品的功能，为设计、开发和测试及产品相关人员提供参考。

4. 编写软件需求跟踪矩阵

对于需求文档中的每项需求，要确保回答了以下问题：

①是否完成了相应的设计？是否编写完成了相应的代码？在哪里可以找到这些代码？

②是否编写完成了相应的单元测试用例？是否进行了单元测试？

③是否编写完成了相应的集成测试用例？是否进行了集成测试？

软件的需求跟踪矩阵即描述上述问题。

5. 审核需求文档

应从以下九个方面来审核需求文档。

①需求文档是否符合公司的格式要求？

②需求是否正确？

③要保证需求文档中所描述的内容是真实可靠的。

④这是“真正的”需求吗？描述的产品是否就是要开发的产品？

⑤需求是否完备？列出的需求是否能减去一部分？

⑥需求是否兼容？需求有可能是矛盾的。

⑦需求是否可实现？

⑧需求是否合理？

⑨需求是否可测？

（二）软件需求的测试

软件需求分析完成后，还要对软件需求进行测试。对软件需求进行测试的方法主要有复查、走查和审查。

①复查一般是让工作中的合作者检查产品并提出意见，属于同级互查。同级互查可以面对面进行，也可以通过网络实现，并没有统一标准。同级互查发现文档缺陷的能力是三种方法中最弱的。

②与审查相比较，走查较为宽松，其事先需要收集数据，也没有输出报告的要求。

③审查是为发现缺陷而进行的。关键组件的审查要通过会议进行，会前每个与会者需要进行精心准备，会议必须按规定的程序进行，审查中发现的缺陷要被记录并形成会议报告。审查被证明是非常有效的发现缺陷的方法。

对软件需求进行分析和测试后，应根据用户需求定义并完善测试需求，以作为整个测试的标准。

测试需求确定后，就要根据需求制订相应的测试策略。制定测试策略时，应考虑测试范围、测试方法、测试标准和测试工具等问题。

（三）测试范围的定义

定义测试范围的过程是一个在测试时间、费用和质量风险之间寻找平衡的过程。测试范围过大，则可能在测试覆盖中存在大量冗余；测试范围过小，则存在遗漏错误的风险。应通过分析产品的需求文档识别哪些需要被测试。

定义测试范围需要考虑的因素如下。

①首先测试最高优先级的需求。

②测试新的功能和代码或者改进的旧功能。

③使用等价类划分来减小测试范围。

④重点测试经常出问题的地方。

要注意的是，测试范围不能仅仅由测试人员来确定。测试范围的确定可采用提问单的方式来进行。提问单上应包括以下问题。

①哪些功能是软件的特色？

②哪些功能是用户最常用的？

③如果系统可以分块卖的话，哪些功能块在销售时最昂贵？

④哪些功能出错将导致用户不满或索赔？

⑤哪些程序是最复杂、最容易出错的？

⑥哪些程序是相对独立，应当提前测试的？

⑦哪些程序最容易扩散错误？

⑧哪些程序是全系统的性能瓶颈所在？

⑨哪些程序是开发者最没有信心的？

（四）测试方法的选择

在软件生命周期的不同阶段，需要选择不同的测试方法。以瀑布生命周期模型为例，各个阶段应选择的测试方法如表 7-1-4 所示。

表 7-1-4　软件生命周期各个阶段对应的测试方法

开发阶段	测试方法
需求分析阶段	静态测试
概要设计与详细设计阶段	静态测试
编码和单元测试阶段	静态测试、动态测试和白盒测试
集成测试阶段	动态测试、白盒测试和黑盒测试

续表

开发阶段	测试方法
系统测试阶段	动态测试、黑盒测试
验收测试阶段	动态测试、黑盒测试

（五）测试标准的定义

定义测试标准的目的是设置测试中需遵循的规则。需要制定的标准有测试入口标准、测试出口标准和测试暂停与继续标准。

测试入口标准是指在什么情况下开始某个阶段的测试。测试出口标准是指在什么情况下可以结束某个阶段的测试，如所有测试用例被执行，未通过的测试案例小于某个值。测试暂停与继续标准是指在什么情况下执行该暂停及在什么情况下执行该测试。

制定测试标准常用的规则如下。

1. 基于测试用例的规则

该规则要求当测试用例的不通过率达到某一百分比时，则拒绝继续测试。该规则的优点是适用于所有的测试阶段，缺点是太依赖于测试用例。

2. 基于测试期缺陷密度的规则

测试期缺陷密度是指测试一个 CPU 小时发现的缺陷数。

该规则指如果在相邻 n 个 CPU 小时内测试期缺陷密度全部低于某个值 m 时，则允许正常结束测试。

3. 基于运行期缺陷密度的规则

运行期缺陷密度是指软件运行一个 CPU 小时发现的缺陷数。

该规则指如果在相邻 n 个 CPU 小时内运行期缺陷密度全部低于某个值 m 时，则允许正常结束测试。

（六）自动化测试工具的选择

使用自动化测试工具能够提高软件测试工作的可重复性，更好地进行性能测试和压力测试，并能够缩短测试周期，自动化测试工具在软件测试工作中用得越来越普遍。

自动化测试工具的选择需要注意以下六个方面。

①并不是所有的测试工作都可以由自动化测试工具来完成。

②并不是一个自动化测试工具就可以完成所有的测试。

③使用自动化测试工具本身也是需要时间的，这个时间有可能超过手工测试的时间。

④如果测试人员不熟悉自动化测试工具的使用，有可能不能更多发现软件错误，从而影响测试工作质量。

⑤自动化测试工具并不能对一个软件进行完全的测试。

⑥购买自动化测试工具，有可能使本项目的测试费用超出预算。

（七）测试环境的搭建

在软件开发活动中，从软件的编码、测试到用户实际使用，存在着开发环境、测试环境和用户环境。其中，测试环境是测试人员为进行软件测试而搭建的环境。测试环境的环境项包括计算机平台、操作系统、浏览器、软件支持平台、外部设备、网络环境和其他专用设备。经过良好规划和管理的测试环境，可以尽可能地减少环境变动对软件测试工作的不利影响，并可以对软件测试工作的效率和质量的提高产生积极的作用。

要配置良好的测试环境，需要考虑测试范围中的平衡问题。在搭建测试环境的时候，要排列配置的优先级，主要应考虑以下问题。

①使用的频度或者范围。

②失效的可能性。

③能最大限度模拟真实环境。

五、测试计划的编写与审核

制订测试计划的最后一个阶段就是编写测试计划，形成测试文档。编写测试计划时应注意以下事项。

①测试计划不一定要尽善尽美，但一定要切合实际，要根据项目特点、公司实际情况来编制，不能脱离实际情况。

②测试计划一旦制订下来，并不是一成不变的，万事万物时时刻刻都在变化，软件需求、软件开发、人员流动等也都在时刻发生着变化，测试计划要根据实际情况的变化而不断进行调整，以满足实际测试要求。

③测试计划要能从宏观上反映项目的测试任务、测试阶段、资源需求等，不一定要太过详细。

另外，由于测试的种类多、内容广并且时间分散，而且不同的测试工作由不同的人员来执行，因此一般把单元测试、集成测试、系统测试、验收测试各阶段的测试计划分开写。

测试计划编写完成后，一般要对测试计划的正确性、全面性及可行性等进行审核，评审人员的组成包括软件开发人员、营销人员、测试负责人及其他有关项目负责人。

在软件开发活动中，软件测试应该从软件生命周期的第一个阶段开始，并且贯穿于整个软件开发的生命周期。软件测试过程按测试的先后次序可分成五个步骤进行：单元测试、集成测试、确认测试、系统测试、验收测试。

软件测试的本质就是针对要测试的内容确定一组测试用例，因此要对测试用例进行精心设计。

静态测试主要包括代码检查、静态结构分析、代码质量度量等，使用静态测试能够有效地发现 30% ～ 70% 的逻辑设计和编码错误。

第二节　测试设计阶段

一、测试设计概述

测试计划为测试工作的开展确立了目标、方向、策略、进度、风险控制等事项，但是测试计划还不足以细致到直接指导测试执行的程度，在测试计划和测试执行之间还存在着一个中间环节，即测试设计。对于测试设计而言，最重要的是测试案例设计，测试执行是由测试案例驱动的。

在测试设计阶段，通常会同时使用多种测试技术，例如基于风险的测试技术、基于经验的测试技术等。不同的测试级别，其参考的测试依据是不一样的，例如需求说明、用例和业务流程通常是系统测试的依据；而低级别的设计说明通常作为组件测试的测试依据。

在测试条件识别和测试用例设计的过程中，会输出一系列的工作产品，例如测试设计说明、测试用例说明。不同的组织或项目，实际输出的测试工作产品也会有所不同，其主要会受以下因素的影响。

①过程成熟度：组织的开发过程定义了测试过程中需要提交的工作产品。不同的过程成熟度对工作产品的输出有不同的要求。对于具有高成熟度的组织，一般都有定义好的测试工作产品的模板，例如测试设计说明、测试用例说明等。

②采用的开发模型：使用的软件开发过程模型会影响测试工作产品的输出，

例如采用敏捷开发方法，会尽量减少文档，取而代之的是小组之间紧密频繁的的讨论。

对于测试计划而言，重点在于强调计划的过程，即要让测试相关人员理解测试计划；对于测试设计而言，强调的是测试执行的细节，因此需要详细设计，要特别重视测试设计文档的编写。

软件测试与软件开发一样，都有自己的严格流程。图 7-2-1 对软件开发过程和软件测试过程进行了类比。

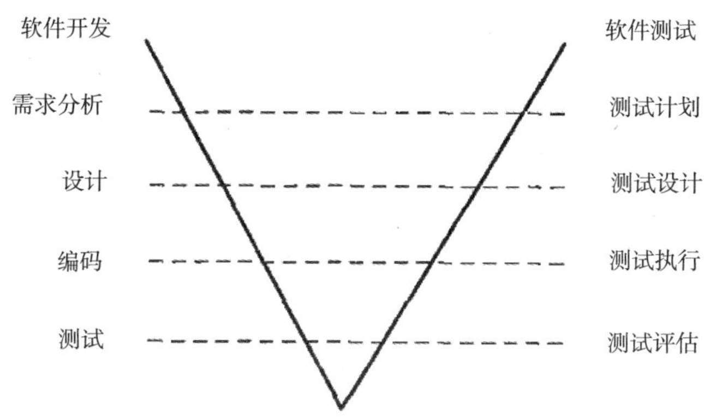

图 7-2-1　软件开发过程与软件测试过程的类比

实际上，软件开发过程和软件测试过程之间并非存在如图 7-2-1 所示的一一对应关系，软件测试过程仅仅是软件开发过程中的一个步骤，采用这种对比的方法，是因为相对于软件测试过程而言，软件开发过程更加深入人心，更加易于理解，因此在两者之间进行类比，目的在于方便理解软件测试过程。

测试计划相当于软件开发的需求分析，是从总体上、宏观上来确定要完成的测试工作；测试设计与软件设计相似，是细化测试方法、设计测试案例及说明测试案例的执行过程，是实现测试的详细步骤；测试执行相当于根据详细设计进行编码；测试评估与项目开发中的测试相似，对软件测试的结果及项目的整体状况给出客观的评价。

二、测试设计与测试计划之间的关系

测试设计与测试计划在时间和内容上是紧密相关的。通常而言，在测试计划之后紧接着开始测试设计。测试设计是对测试计划方法和内容的进一步细化，是对同一个测试过程和内容详略不同的设计层次。测试设计的目的在于使测试执行顺利进行。

测试设计包含三部分内容：测试设计说明、测试用例说明、测试过程说明。测试设计的内容与测试计划之间的关系如图 7-2-2 所示。

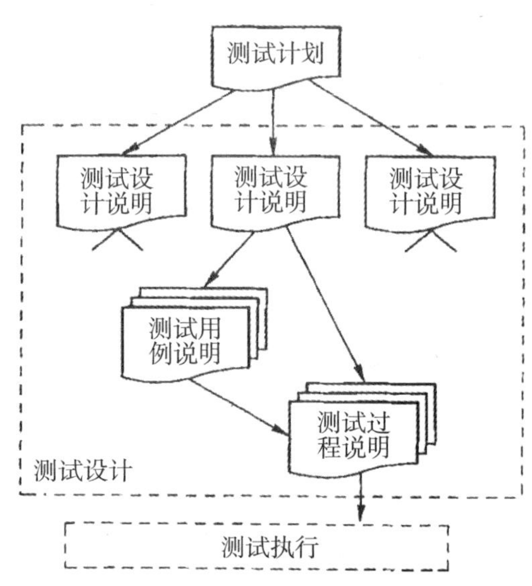

图 7-2-2　测试计划到测试执行之间的测试设计

通常而言，一个测试计划对应于一个测试设计，测试设计则是若干类文档的一组组合。每一个测试设计包含若干测试设计说明，每个测试设计说明又由很多测试用例说明构成，而测试设计说明和测试用例说明又直接使用测试过程说明。

测试计划和测试设计之间是双向相关的。一种情况是，首先有了测试计划，然后根据测试计划进行测试设计，这个过程称为测试计划的细化。这个过程包括构建多个测试设计说明，对于每个测试说明又构建多个测试用例，然后把测试用例执行或测试环境配置的公共步骤抽取出来形成测试过程说明，这是先有测试计划再有测试设计的元素。另一种情况是，前期已经设计了很多测试设计的元素，而在制订新的测试计划时，为了完成新测试计划对应的测试设计工作，仅仅是从已有的测试设计元素库中选择相应的设计元素来组合形成新的测试设计，这是先有测试设计元素，再有测试计划。

对于测试设计内部的三元素而言，测试设计是一组支持相应测试目的的测试用例的集合，而测试过程可能是针对所有测试用例的，也可能是单独针对某些或某个测试用例的。之所以要把测试设计分成三个部分，是为了使各个部分可以进行单独排列组合，比如，数据库配置过程是所有测试用例的前提，那么只需为数据库配置写一个测试过程说明，而没有必要在每个测试用例中都添加这个过程。

三、测试设计的目标

测试设计要达到以下四个目标。

①组织性：正确的测试设计会组织好测试用例，以便全体测试员和其他项目小组成员有效地审查和使用。

②重复性：良好的测试用例说明可以保证测试用例被重复使用。

③跟踪：由于需要统计，所以需要了解执行了多少个测试用例，通过率有多少等问题。

④测试证实：正确的测试用例说明及良好的跟踪可以证实软件被测试。

四、测试设计的内容

测试设计的基础来源于前面介绍的测试技术，包括白盒测试和黑盒测试等，这些测试技术是构建测试用例说明的基础和依据。同时应根据需求规格说明书和各种软件设计文档来构建测试设计说明及测试案例说明，以达到有效测试的目的。

下面分别具体介绍测试设计的三个部分：测试设计说明、测试用例说明、测试过程说明。

（一）测试设计说明

1. 目的

测试设计说明（Test Design Specification）的目的是细化测试计划中描述的测试方法。

2. 内容

（1）测试设计说明标识符

指定分配给这个测试设计说明的唯一标识符。该标识符可以用于在其他文档中引用定位。

（2）被测试特征（功能特征）

识别测试项并且描述其特征及组合是测试设计说明的目标。

（3）测试方法细化

①细化测试计划中描述的方法，包括应用的特定测试技术，比如应用比较器程序或可视化的检查列表。

②描述任何分析的结果为测试用例选择提供依据，例如指出允许容错决定的条件（比如区分有效输入和无效输入的条件）。

③总结任何测试用例的通用属性，这可能包含输入限制，对于一组相关测试用例的任何输入都必须是真的，比如任何共享的环境需求、任何共享的特殊过程需求等。

（4）测试案例标识

列举每一个与这个测试设计相关的测试用例标识符并进行简短的描述。特殊的测试用例可能会在多个测试设计说明中被识别。列举与这个测试设计说明相关的每一个测试过程的标识符与简短的描述。

（5）特征通过 / 失败准则

描述用于确定特征及其组合的测试通过或失败的准则。

（二）测试用例说明

前面讲了很多测试技术，包括黑盒测试、白盒测试、边界值测试、因果图测试、路径覆盖测试等，这些依赖于软件需求规格说明书或者设计文件及源代码的测试技术用于在这里生成实际的测试用例。

1. 目的

测试用例说明（Test Case Specification）的目的是定义测试设计说明中识别的测试用例。

在测试设计中仅仅指出了需要的测试用例，还没有测试用例的详细描述，故无法利用这些测试用例进行测试。而测试用例说明就是要详细地定义这些测试用例，包括它们的标识符、输入及预期输出等。

2. 内容

测试用例说明包含以下内容。

（1）测试用例标识符

测试用例标识符用于描述分配给这个测试用例的唯一标识符，便于在其他文档中引用。

（2）测试项

测试项用于识别和简单描述应用到这个测试用例中的测试项及其特征。

对于每一个测试项，考虑提供如下的测试项参考文档：需求规格说明书、设计说明书、用户指南、操作手册和安装指南。

（3）输入说明

输入说明指出执行每一个测试用例需要的输入。有些输入可能是值，而另一些输入可能是具有名字的常量表或者事务文件。如有必要，指出所有输入之间的关系。

（4）预期输出说明

预期输出说明指出测试项预期的输出和特征。为每一个预期的输出和特征提供准确的值。

（5）环境需求

①硬件说明指出执行这些测试用例所需要的硬件特性及配置。

②软件说明指出执行这些测试用例所需要的系统和应用软件。这些软件可能是操作系统、编译器、模拟器以及测试工具。

③其他指出执行这些测试用例所需要的其他需求，比如独特的设备或特殊的训练人员等。

（6）特殊的过程需求

描述执行这些测试用例过程中的任何特殊限制。这些限制可能需要特殊地安装，操作员干预，输出确定的过程等。

（7）中间用例依赖

列举出那些先于这个测试用例执行的所有测试用例的标识符，总结这些依赖的性质。

测试用例可以简单描述，也可以详细描述，这要根据测试需要而定。原则上对测试用例的描述越详细越便于测试用例的执行，而且详细的测试用例由于条件清晰便于问题的追溯，可以保证测试用例具有较好的重复性。但是由于测试用例众多，如果不使用计算机数据库管理，将很难管理详细的测试用例。

（三）测试过程说明

1. 目的

测试过程说明（Test Procedure Specification）描述执行一组测试用例的步骤，更一般地，包括为了评估这组测试用例特征而分析软件项的步骤。

2. 内容

（1）测试过程说明标识符

分配给这个测试过程说明的唯一标识符，便于在其他参考文档，如测试用例说明中引用。

（2）目的

测试过程说明的目的是用于对一组测试用例的执行步骤进行统一描述，便于在测试用例中引用，帮助测试用例的执行。

（3）特殊需求

识别执行这个测试过程需要的任何特殊需求。这些可能包括前导过程，特殊的技能需求或者特殊的环境需求，比如测试飞行模拟器软件，需要具有飞行的技能等。

（4）过程步骤

测试过程通常包括以下 10 个步骤。

①日志（Log）：描述用于记录测试执行结果，观察到的事件及其他与测试相关的事件的任何特殊的方法或格式。

②准备（Set Up）：描述准备执行这个测试过程所需要的动作序列。

③开始（Start）：描述开始执行这个测试过程的动作。

④执行（Proceed）：描述执行这个测试过程所需要的任何动作。

⑤测量（Measure）：描述如何做测试测量。

⑥终止（Shut Down）：描述当非计划事件造成终止测试时所需要执行的动作。

⑦重新开始（Restart）：识别任何程序上的重启点并且描述每一个重启点重启过程所需要的步骤。

⑧停止（Stop）：描述执行有序停止所需要的步骤。

⑨恢复（Wrap-up）：描述恢复环境所需要的动作。

⑩意外（Contingencies）：描述处理在执行过程中可能发生的异常事件及所需要的动作。

五、测试用例的设计与编写

在测试准备工作中，制订好了测试计划，准备好了测试资源，并对软件需求有了较深的了解，但这些对于科学的软件测试过程还是不够。因为要排除测试实施的随意性，所以需要编写测试说明文档。

测试说明以测试语言描述测试实施内容，并以需求或设计为依据，包含了测试策略、测试用例的设计和细节，是测试准备工作中最重要的文档。测试说明全方位考虑了测试实施的内容，使测试实施工作能够按计划、有秩序地进行。

（一）测试策略

测试策略需要由有技术和经验的老员工制订，一般包括测试采用的方法、测试重点与非重点、测试执行顺序和测试环境应用策略。

1. 测试采用的方法

测试方法的制订主要参考现有的测试方法（包括一些通用的测试方法和具体应用测试方法等）和项目的实际应用情况，一般黑盒测试会采用等价类划分测试、边界值测试等方法。

2. 测试重点与非重点

测试的重点与非重点也需要在测试说明中进行明确。测试重点与非重点的制订有很重要的意义。测试工作要以满足用户需求为根本出发点，但有的功能并不完全是用户常用的功能，用户的使用环境和使用习惯也会有一定的倾向性。因此，测试重点要与用户的使用程度和功能的重要程度相结合，要与用户的使用习惯相结合。另外，测试要以发现 Bug 为直接目标，因此软件设计和实现中较为复杂的部分，无疑也是测试的重点。

测试重点与非重点的制订需要测试人员对用户的实际需求有较为透彻的了解，在制订测试重点与非重点时应尽量采用科学的方法，一般可以采用 ALAC 测试理念与用户剖面相结合的方法。同时，在判别测试重点与非重点时要有量化的结论，不能只凭感觉轻易下结论。

另外，在判别测试重点程度时，测试人员要广泛吸收项目组各角色的意见，尤其是项目经理和需求开发人员，因为他们对用户需求的理解往往比测试人员更深刻。测试人员还要听取编码人员的意见，因为他们更清楚代码实现的复杂度，有利于后期更有效地发现软件中的 Bug。

3. 测试执行顺序

测试执行顺序主要是指在测试实施时，某些测试用例必须先执行，或是按测试用例优先程度来安排在各个测试时期实施的顺序。执行顺序的安排，一方面是为了使某些必要的测试用例能够执行到位，另一方面也是提高测试效率的重要手段。

4. 测试环境应用策略

如果用户对软件的使用环境有较多需求，则测试环境的精心布局是非常必要的。但测试环境安排既要考虑用户实际使用的环境及其配置，又要考虑如何充分利用有限的资源和进度最大化地满足用户需求。

对于测试环境具体应用策略，还需要根据项目的实际情况来进一步制订，如哪些测试环境为主要测试环境、哪些为次要测试环境、哪些只用来测试安装/卸载、哪些用来测试性能、哪些用来测试软件界面等。

总体来说，测试策略的制订是一项高水平的工作，它既要满足项目的需要，又要合理地使用测试资源。

（二）测试用例的设计

测试用例的设计对于测试过程改进至关重要，因为它能够有效地发现整个开发过程的缺陷。测试用例设计的内容包括以下四部分。

1. 测试用例的编写结构与层次的设计

测试用例的编写结构从某种意义上讲，表明了测试执行的策略和关注点。如果测试用例是按功能模块编写的，那么这些模块一般相互独立，容易分配执行任务，便于管理；如果测试用例是按软件质量特性结构编写的，那么一般是把软件作为一个整体考虑，系统地进行测试分工和实施。

测试层次的设计表示测试用例描述的级别。如果需求比较确定，编码实现变化不大，那么测试用例尽量按标准编写，并且要考虑周全，这样在执行时，完全按照测试用例执行即可；但如果需求和设计不确定或者变更频繁，那么测试用例就没有必要写得过于实例化，而且设计时不要考虑程序是如何实现的，在这种情况下，一般只要写到检查点即可；对于升级项目，往往会在重用老版本测试说明的基础上，根据升级需求进行变更即可；对于 OEM 或临时测试任务，甚至可以不写测试用例，只要在测试前确定好测试策略就可以。

2. 业务流程测试的设计

有些软件主要应用在企业、政府、教育等机构，业务流程一般比较复杂，所以测试要重视业务流程的实现。其实，即使是消费类软件，用户完成一个任务所执行的功能或操作的一系列组合，也可以称为一个业务流程，只是它并不复杂罢了。

为什么要强调业务流程测试设计呢？主要有四个原因。

①业务流程对于用户使用非常重要，它强调了用户完成所需任务的过程。

②测试人员容易忽略对业务流程的测试，因为测试人员（尤其是经验较少的测试人员）往往会把主要精力放在各个局部功能点的测试上，认为各个功能点既然没有问题，那么功能点之间对应的流程就不会有问题，这是一种认识上的错误。

③业务流程比较复杂，测试人员有时要随着测试的不断深入才能逐渐总结出针对业务流程测试的脉络。

④开发人员在业务流程上容易犯错，而且出现的缺陷又比较严重。因为开发人员的任务划分是依据模块、开发层次或不同的技术，一个流程的实现需要开发人员的协同开发才能完成，所以容易出现流程类错误。

一般来说，业务流程测试的设计要遵循以下五条原则。

①业务流程的设计要以验证用户实际需求是否实现为根本目标。

②业务流程的设计要尽可能发现软件中的缺陷。

③业务流程的设计不要太简单，也不要过于复杂。

④业务流程尽量以图、表和说明三种方式的结合形式来表示。

⑤业务流程图的设计要以测试为出发点，不要随意使用需求分析的流程图。

3. 需求满足度的设计

需求满足度的设计是指测试用例的设计要能体现出对用户需求的满足程度。例如，需求与测试用例的一致性、测试用例与重点需求之间的对应等，还包括业务流程对用户需求的满足、测试环境的搭建与用户实际使用环境需求的对应。

4. 回归测试的选择

一般情况下，回归测试用例要尽量清楚且仔细地进行描述，非回归测试用例要覆盖完全，但可以粗略描述。

（三）测试用例的编写

这里着重介绍一些编写技巧。

①测试用例要尽量与用户需求的实质部分相关。软件实现最终要追溯到用户需求，所以测试用例的重点要放在“用户需求是否得到了满足”这一点上。

②选择的测试用例应该不容易受到应用程序改变的影响。在描述测试用例时，尽量少描述实现方式，否则，实现方式一旦改变就会造成测试用例的大面积修改。

③对于重要的需求，测试用例描述应尽量仔细；对于不太重要的需求，测试用例可以简化表述，但一定要把需求覆盖完整，以免遗漏。

对于测试说明文档，一般都要进行同行评审，以提高测试说明的质量。

第三节　测试执行阶段

一、测试执行概述

测试执行阶段的主要活动包括通过特定的顺序组织测试用例来完成测试规程和脚本的设计，并且包括测试执行必需的任何其他信息，以及测试环境的搭建和运行测试。

根据测试计划、测试设计说明、测试用例说明，结合各个测试用例之间可能存在的依赖关系，设置测试执行的顺序，例如根据业务流程设置执行顺序、根据测试用例的优先级设置执行顺序。

测试用例执行时需要选择合适的测试数据。在有些测试中，测试数据甚至是非常庞大的。因此，在测试实现阶段，测试人员可以将输入数据转换成相应的数据库。同时，测试人员也可能需要编写脚本生成测试数据，在测试执行时作为软件系统的输入。

假如采用自动化测试，测试实现还包括了自动化测试套件和测试脚本的创建和开发。测试人员应该考虑一些具体的可能会影响测试顺序的制约因素，测试环境和测试数据之间的相互依赖关系必须在测试实现阶段予以考虑。

在测试实现阶段，测试人员需要搭建和维护测试环境，保证测试执行环境和测试管理环境（配置管理、缺陷管理等）的可用。测试环境应该在测试执行之前完成搭建和相关的验证工作。对于高级别的测试，例如系统测试，测试环境应该尽量和用户的使用环境接近，以模拟用户场景。另外，测试人员在测试实现和执行阶段需要考虑后续测试活动的数据收集。

当测试对象满足测试执行的入口准则时，测试执行就可以开始了。测试执行应该按照确定的测试顺序进行。测试执行活动的一个核心内容是对测试实际结果和期望结果进行比较。测试人员应该注意期望结果和实际结果的比较，否则可能导致缺陷和失效的遗漏。若测试实际结果和期望结果不符，首先需要仔细检查测试用例，以保证测试用例描述的正确性。测试用例描述也可能有错误，可能的原因包括测试数据的错误、测试文档描述的错误，或者执行方法的错误。如果测试用例的描述存在问题，则首先需要对它进行修改，然后重新执行测试用例。如果确认是测试对象的问题，就需要提交缺陷报告。

在测试执行阶段，测试执行过程和结果必须妥善记录，即测试日志。执行过的测试用例，由于没有记录测试结果，很有可能出现重复执行的情况，从而导致测试效率低下和测试进度延期。由于测试对象和测试环境会随着被测试版本的变化而变化，所以测试记录应该基于相应的版本。

测试日志提供了按照时间顺序的测试执行相关细节。测试结果的记录可以针对整个测试过程，也可以针对某个事件。任何影响测试执行的事件都需要单独记录。为了测量测试覆盖率和查找测试延期的原因，需要测试人员记录详细的测试信息。另外，记录的信息也可以用来帮助测试控制、测试进度报告的生成、测试出口准则评估和测试过程的改进等。

用户或客户也可能参与测试执行。例如验收测试，在过程中发现的缺陷越少，越有助于客户对软件产品建立信心。

二、测试日志

测试日志（Test Log）是软件测试执行过程中的常规记录。构建软件测试日志的目的是对软件测试过程进行证实。另外，当出现软件缺陷时，便于追溯软件缺陷的根源。

（一）目的

提供按事件顺序记录的测试执行过程中相关事件的详细记录。

（二）内容

1. 测试日志识符

分配给这个测试日志的唯一标识符。

2. 描述

描述针对这个日志中所有记录的信息，排除针对某条日志的特殊记录，通常包含以下信息：

①识别包含版本 / 修订版本号的测试项。对于每一个测试项，提供存在的转换报告。

②识别测试管理环境属性。包括设备识别、使用的硬件（内存、CPU 型号、

硬盘）、使用的系统软件以及可用的资源等。

3. 活动和事件登记（Activity and Event Entries）

对于每一个事件，记录其从开始到结束的活动，记录当时的日期、时间及测试员身份。记录的信息包括以下内容。

①执行描述（Execution Description）：记录被执行测试过程的标识符，记录在测试期间的所有现场人员，包括测试员、操作者及观察者，并指出每一个人员的作用。

②程序结果（Procedure Results）：对于每一个执行过程，记录其可见的观察结果（比如错误消息、终止等）、输出的位置以及测试执行的成功或失败。

③环境信息（Environmental Information）：记录对于这个测试日志而言的环境信息。

④异常事件（Anomalous Events）：记录异常事件发生的前后情况、开始执行测试过程或测试失败的相应环境状况（比如断电或系统软件问题等）。

4. 事故报告标识符（Incident Report Identifiers）

记录每一个测试事故报告的标识符。

（三）状态

描述测试项的状态（Status），包括与项目文档的偏离及与测试计划的偏离等。

（四）批准

指出批准（Approvals）这个报告的所有人员的名字和头衔，在报告中留下签字和标注日期的空间。

三、软件缺陷

如果测试工作一切顺利，所测试的软件从未发现问题，那么软件缺陷（Software Fault）就无从谈起。当然，实际的软件测试一定会发现一些软件缺陷。为了修复这些发现的软件缺陷，首先应该了解这些软件缺陷的属性，然后记录、跟踪这些软件缺陷，直到软件缺陷被修复为止。

（一）软件缺陷属性

软件缺陷是复杂的，当软件缺陷引入之后，为了更好地管理这些软件缺陷，需要记录软件缺陷的属性。软件缺陷的属性是管理软件缺陷及形成软件缺陷报告的基础，软件缺陷属性如表 7-3-1 所示。

表 7-3-1　软件缺陷属性

序号	缺陷属性	描述
1	标识符	标识某个软件缺陷的唯一编号，便于缺陷的区分和识别
2	描述	描述存在缺陷的软件的版本、模块、环境及触发的过程、产生的现象
3	缺陷类型	软件缺陷的分类，比如功能性缺陷、用户界面缺陷、性能缺陷等
4	严重性	软件缺陷对于软件质量的破坏程度，反映其对产品和用户的影响，分为致命、严重、一般、微小四级
5	优先级	描述缺陷被处理的紧急程度，可以分为紧急、高、中、低四级
6	状态	用于描述缺陷的生命周期，可以分为打开、修复、关闭、审查和推迟
7	起源	缺陷引起的故障或事件第一次被检测到的阶段，包括需求、构架、设计、编码、测试、发布等
8	再现性	缺陷是否可以再现

（二）软件缺陷的严重性和优先级

软件缺陷的严重性和优先级是两个最为重要的软件缺陷属性。

1. 严重性

对于软件缺陷而言，有些对用户的影响巨大，比如程序崩溃、数据丢失，而有些则对用户影响不大，比如界面的排列。之所以要区分软件缺陷的严重性，就是要区分缺陷的重要程度，以便确立软件缺陷修复的优先程度。通常而言，严重性可以分为四级，如表 7-3-2 所示。

表 7-3-2　软件缺陷的严重性

序号	严重级别	描述
1	致命缺陷	系统主要功能完全丧失，比如系统崩溃、数据丢失、数据损毁
2	严重缺陷	系统主要功能部分丧失，比如操作错误、结果错误、功能遗漏
3	一般缺陷	系统次要功能部分丧失，比如错别字、系统布局不合理、罕见故障
4	微小缺陷	不影响系统的正常使用，可能是操作不方便、易使用户误操作等

2. 优先级

优先级表示软件缺陷修复的紧急程度。通常而言，优先级高的软件缺陷应该先修复，优先级低的软件缺陷排在以后修复。软件缺陷的优先级分类如表 7-3-3 所示。

表 7-3-3　软件缺陷的优先级分类

序号	优先级别	描述
1	紧急	立即修复，停止进一步测试
2	高	在产品发布之前必须修复
3	中	如果时间允许应该修复
4	低	可能会修复，但也可能放弃修复

一般而言，优先级通常与软件缺陷的严重性相关，即越严重的缺陷具有越高的优先级，得安排先修复，比如在数据采集与处理系统中，每次存储的数据读出后发现与原始数据不同，即数据损毁，其严重性是 1 级，优先级也是 1 级，因此应以最快速度修复。但这并不是绝对的，有些错误非常严重，但出现的频率很低。比如信号采集与处理系统在实时采集血压数据的过程中，偶尔在数小时后会出现血压非正常突然下降的现象，这也是属于数据损坏，应该是严重的错误。但是由于出现的概率很小，不能重现，因此无法确认是否能够修复，可能将其严重性定为 1 级，优先级定为 3 级。

（三）软件缺陷的原因

软件缺陷的产生是不可避免的。我们从软件本身、团队工作和技术问题等多个方面分析，可以比较容易确定造成软件缺陷的原因，归纳如下。

1. 技术问题

①算法错误。

②语法错误。

③计算和精度问题。

④系统结构不合理，造成系统性能问题。

⑤接口参数不匹配，出现问题。

2. 团队工作

①系统分析时对客户的需求不十分清楚，或者和用户的沟通存在一些困难。

②不同阶段的开发人员相互理解不一致，软件设计人员对需求分析结果的理解偏差，编程人员对系统设计规格说明书中某些内容重视不够，或存在着误解。

③设计或编程上的一些假定或依赖性，没有得到充分的沟通。

3. 软件本身

①文档错误、内容不正确或拼写错误。

②数据考虑不周全引起强度或负载问题。

③对边界考虑不够周全，漏掉某几个边界条件造成的错误。

④对一些实时应用系统，要保证时间同步，否则容易引起时间上不协调、不一致，进而带来一系列问题。

四、测试事件报告

当在测试执行过程中发现软件缺陷之后，应该详细记录软件缺陷的属性，形成软件缺陷报告，即测试事件报告（Incident Report），以便于软件缺陷管理，软件缺陷管理包括软件缺陷修复—再测试—关闭的整个过程。

在软件开发过程中，各类工作产品都可能产生缺陷，如代码、分析设计说明书、测试计划等，都需要通过缺陷报告的形式来记录这些缺陷，便于将来修复这些缺陷。

测试事件报告有以下作用。

①为开发人员和其他人员提供问题反馈，在需要的时候可以鉴别、隔离和纠正这些缺陷。

②为测试组长提供被跟踪测试系统的质量和调整测试进度的依据。

③为测试过程改进提供第一手资料。

下面对测试事件报告的内容进行详细介绍，缺陷事故报告通常分为四部分。

（一）目的

描述在测试过程中发生的任何需要进一步调查的事件，这类事件通常对应软件缺陷。

（二）内容

测试事件报告通常包含以下内容。

1. 测试事件报告标识符

测试事件报告标识符指定分配给这个测试事件报告的唯一标识符。

2. 概述

总结事件，识别涉及的测试项及其版本或修订版本，参考相应的测试过程说明、测试案例说明及测试日志等。

3. 事件描述

事件描述提供事件的详细描述。事故的描述必须是明确和通用的，即描述引起事故的直接原因。描述的事故最好是可再现的，偶然出现的错误往往难以修复，而重复出现的错误几乎肯定可以得到修复。这个描述可能包含输入、期望的结果、实际的结果、异常、日期和时间、操作步骤、环境、严重性、优先级、尝试重复、测试人员和观察员等部分。

4. 影响

指出已知的关于事件对测试计划、测试设计说明、测试过程说明或测试用例说明的影响。

五、软件缺陷的管理

测试的目的是发现缺陷，在测试过程中发现缺陷，需要对缺陷的发现、提交、分类、修改、解决方案验证等整个过程进行跟踪。为了保证能够修复所有记录的缺陷，测试组织内部需要建立一套完整的缺陷管理过程和规则。

每一个测试中发现的软件缺陷都应该被管理，直到该缺陷被修复为止。如果测试员只发现软件缺陷，而不跟踪这些发现的软件缺陷，结果可能是程序员知道后自己修改了这些缺陷，也可能是发现的错误被丢在一边，没有人理会，软件依然存在这些缺陷。如果是后一种情况发生了，对于测试员而言，其工作会变得毫无意义，最多只是说明软件存在问题，并不能解决问题。软件的缺陷处于一种失控状态，没有人知道软件是否存在缺陷、是否可以发布软件等，因此只有对软件缺陷进行深入细致的管理，才会使软件测试的意义充分体现。

要对软件缺陷进行有效管理，首先要理解软件缺陷生命周期的概念，然后根据软件缺陷本身的生命周期对其进行管理。

（一）软件缺陷生命周期的概念

管理软件缺陷的目的是消除软件缺陷，要消除软件缺陷，必须知道软件缺陷的形态变迁，以及软件缺陷产生、存在直到消亡的整个过程，这就是软件缺陷生命周期（Software Fault Life Cycle）。

软件缺陷生命周期描述的是软件缺陷状态的转换，软件缺陷状态及其描述如表 7-3-4 所示。

表 7-3-4　软件缺陷状态及其描述

序号	状态名	状态描述
1	打开	测试员发现软件缺陷并在相应的记录系统中登记了该缺陷。此时，软件缺陷被告知程序员进行修复
2	解决	程序员修复了软件缺陷并在相应的记录系统中说明了缺陷修复。此时，软件缺陷被交给测试员进行重新测试以确认修复
3	关闭	测试员重新测试确认软件缺陷已经被修复并在记录系统中登记。此时，该软件缺陷消失，生命结束
4	审查	这是一个附加状态，是指测试员打开软件缺陷后，交由缺陷管理委员会决定该缺陷是否应该修复的状态，在确定之前并不交由程序员修改
5	推迟	这是一个附加状态，是指缺陷管理委员会审查后认为该软件缺陷可以在软件的下一个版本中修复，在该版本中不修复的状态

了解了软件缺陷状态之后，就可以考虑这些状态的变化。软件缺陷管理的目的就是确保软件缺陷向关闭的状态转化。

1. 最简单的软件缺陷生命周期

最简单的软件缺陷生命周期如图 7-3-1 所示。

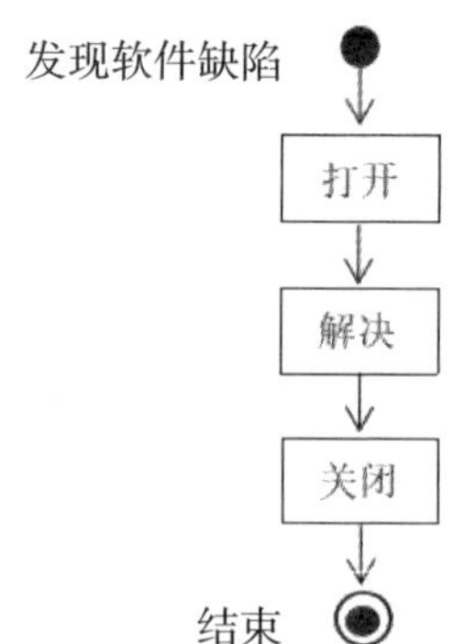

图 7-3-1 最简单的软件缺陷生命周期

最简单的软件缺陷生命周期不考虑实际缺陷的复杂程度。假设所有的缺陷都是可以修复的，只要发现了缺陷就必然可以修复，而且缺陷没有反复，可以保证通过再次测试，从而关闭该缺陷。这种理想状态下的软件缺陷生命周期只说明了软件缺陷应该是怎样变迁的，但是软件缺陷的实际情况可能比这要复杂得多。

2. 通用的软件缺陷生命周期

通用的软件缺陷生命周期如图 7-3-2 所示。

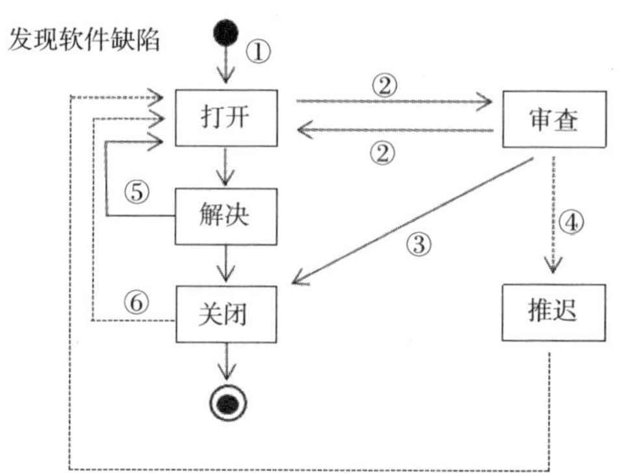

图 7-3-2 通用的软件缺陷生命周期

通用的软件缺陷生命周期几乎涵盖了软件缺陷状态的各种情况及其之间的转换，在不含排列组合的情况下，可以梳理出六条主要的状态转换路径。

①打开→解决→关闭→结束。这就是前面描述的最简单的软件缺陷生命周期。这种软件缺陷的状态转换在软件缺陷生命周期中是最常见的，但是它并不能涵盖软件缺陷的复杂变化。

②打开→审查→打开。严格地讲，这不算一条完整的生命周期路径，因为它最后只回到打开状态，要完成整个生命状态周期，还要与其他路径相结合。在这条软件缺陷状态转换路径中，引入了对软件缺陷的审查机制，由软件缺陷管理委员会对软件缺陷进行审查；在审查完成后，确认该缺陷确实存在，然后该软件缺陷又回到了打开状态。

③打开→审查→关闭→结束。软件缺陷管理委员会经过对打开的软件缺陷的审查，认为该软件缺陷不算真正的缺陷，不必让程序员进行修改。比如由测试员错误理解软件需求规格书所造成的软件缺陷，此时软件缺陷管理委员会直接关闭该软件缺陷，结束其生命周期。

④打开→审查→推迟→打开。软件缺陷管理委员会审查之后，确认该软件缺陷存在，但是并非严重的缺陷，而由于发布时间的紧急或者开发资金的问题等使得不能在软件的这个版本中修复，于是要求将这个缺陷推迟到下一个版本中进行修复。

⑤打开→解决→打开。在这条软件缺陷状态的变化路径中，软件缺陷按照正规的路径交由程序员修改，修改后又交给测试员进行测试。测试员测试之后发现该缺陷并未修复，于是将其设定为打开状态。

⑥打开→解决→关闭→打开。这条路径很罕见，为什么会在缺陷被关闭之后再次被打开呢？这涉及软件的回归测试。通常而言，当软件进行修改之后需要对软件进行再测试，在再测试的过程中，原来认为修复的软件缺陷再次发生，通常是由软件内部的关联性引起的，造成已经关闭的软件缺陷再次被打开。

（二）软件缺陷的数据库跟踪管理

对于一个软件缺陷而言，其有着复杂的生命周期；而对于一个软件项目的测试而言，可能存在成千上万个软件缺陷。面对如此众多的软件缺陷及每个软件缺陷的复杂状态转换，如果无法进行有效管理，可能会影响到软件缺陷的修复程度。特别是在要求软件代码编写和软件测试分离的情况下，因为在这种情况下，测试员和程序员的工作是并行的，测试员不断发现新的软件缺陷，程序员可能来不及修复，造成软件缺陷的堆积。如果不能够对堆积的软件缺陷进行管理，那么程序员很难找到下一个应该修复的缺陷的代码位置，于是对缺陷的修复状况也就无从知晓。因此，必须对软件缺陷进行有效跟踪和管理。

为了对众多的复杂软件缺陷状态变换进行管理，需要引入软件缺陷管理数据库工具。软件缺陷管理数据库就像是测试工程师和程序员之间的一座桥梁，测试人员不断打开缺陷放入数据库中，程序员则不断修复数据库中打开的缺陷。打开了多少、修复了多少及各种缺陷的分布，在软件缺陷管理数据库中一目了然。

（三）并非所有的缺陷都可以修复

软件测试员经过努力工作，发现大量的软件缺陷。从测试员的角度来讲，他们希望发现的所有软件缺陷都得到修复，以证明其工作价值。但不幸的是，并非所有发现的软件缺陷都会得到修复，这可能会让测试员垂头丧气。但是，测试员必须理解这种状态的发生。通常，下列原因可能会导致软件缺陷不被修复。

1. 时间紧迫

如果有足够的时间，所有已发现的软件缺陷都应该被修复。软件项目通常按照计划执行，有一个发布的日期。当发布日期临近时，如果还有很多软件缺陷没有关闭，此时，要么推迟发布；要么只修复严重的软件缺陷，而放弃修复大量一般性的软件缺陷。推迟发布对于商业运作的工作而言，往往会造成商业上的巨大损失。比如微软公司推迟其 Windows 操作系统的发布会引起公司股价的下跌。因此，从商业价值考虑，推迟发布是无奈之选，而非必然之选。

通常而言，严重软件缺陷的优先级要高一些，在时间不足的情况下，优先修复严重的软件缺陷，而一般性的软件缺陷可能会被放弃。

2. 不是真正的软件缺陷

前面讲解软件缺陷生命周期时提到，由软件缺陷管理委员会审查的软件缺陷，可能并不被认为是软件缺陷，从而放弃修复。比如，生物信号采集与处理系统具有发出电刺激的功能，由于操作习惯的差异，有些客户要求在设置电刺激的参数过程中就发出电刺激，而不需要专门设置一个启动按钮，另一些用户的意见恰恰相反，那么设置了启动按钮算是缺陷吗？显示不是，因此也没有必要修复。

3. 修复的风险太大

对于软件核心代码的修复往往要特别慎重，因为这会引发软件缺陷的连锁反应。比如，在信号采集与处理系统中，需要不断解释从外部设备传入的数据，数据是按照帧传递的。程序并不能保证每次解释数据时能够得到完整的数据帧，一种数据解释方法是必须要等到完整的数据帧才开始解释；另一种数据解释方法是得到半帧数据也解释。前一种方法逻辑简单，不易出错；后一种方法效率较高，实时性也好。最开始设计和实施时采用前一种方法对数据进行解释，软件工作良好，但如果测试员认为这样解释的实时性不好，因此提出按后一种方案改进。这就需要注意了，这涉及代码的核心部分，如果改不好会引起整个程序无法工作或造成不可预知的错误，软件缺陷管理委员会经过审查，认为修复风险太大，放弃修复。

4. 软件缺陷不可重现

测试员在软件测试事件报告中描述的软件缺陷可能是一个偶发事件，并不能很好地重现这种缺陷。比如在信号采集与处理系统中记录血压的过程，经过了大约 2 h，由于不明原因造成记录的血压突然下降，而且无法重现该现象。这种不能重现的软件缺陷通常原因不明，程序员往往无法确认软件缺陷的真正位置，这种缺陷可能无法修复。

对于以上提到的缺陷不被修复的各种情况，测试员需要有良好的心态和沟通能力，尽量解决已发现的软件缺陷而不是抱怨。

第四节　测试评估阶段

测试结果分析的一项重要的工作是测试评估。

一、测试评估概述

在进行了软件缺陷的跟踪管理和修复之后，是否软件测试的工作就算完成？其实不然。在测试的过程中，如何评估软件测试的效果呢？还有很多关于软件测试的疑问有待解决。

①每天发现的软件缺陷有多少？软件缺陷发现的趋势是增多还是减少？是否可以发布软件？

②发现软件缺陷的严重程度如何？严重性和优先级为 1 级的软件缺陷有多少？

③被测试的软件哪些功能模块引发的软件缺陷最多，哪些最少？

④软件缺陷中多少比例被认为不是缺陷？多少比例修复被推迟？多少比例被修复？

⑤在发现的软件缺陷中，处于打开状态的有多少，处于解决和关闭状态的又有多少？

所有上面列举的这些问题都将对软件的测试评估起到重要作用。除此之外，从本次测试中得到了什么样的经验，比如，发现了程序员某种类型的常见错误，总结了改进测试、提高测试效率的方法等，这些都对将来的测试有所帮助。对于上述问题的回答及总结即测试评估的作用。

测试评估包括两方面内容：一是量化测试过程，即在测试的过程中，不断反馈和总结测试过程中遇到的情况，然后给项目经理提供有关测试当前状况的信息，这被称为测试监控（Test Monitor）；二是在测试完成之后，对整个测试进行总结、分析，从而构建更好的测试模型，为将来的测试做准备，这被称为测试过程改进（Test Process Improvement）。

测试监控主要是为测试过程提供反馈信息和测试的可见度。监控的信息可以通过手工或自动的方式进行收集，同时可以用来衡量出口准则，比如测试覆盖率等。

测试度量项（Test Metrics）是评价测试状况的指标，比如测试的覆盖程度等，可以通过测试度量项来评估测试的进度是否与原计划一致或者测试中的其他问题。常用的测试度量项包括以下六个方面。

①测试用例准备阶段工作所占时间的百分比。

②测试用例执行量（执行的测试用例数 / 没有执行的测试用例数、通过 / 失败的测试用例数）。

③缺陷信息（缺陷密度、发现并修改的缺陷、失效率、重新测试的结果）。

④需求或代码的测试覆盖率。

⑤测试中严重缺陷发生的时间阶段。

⑥测试成本。

测试控制（Test Control）描述了根据收集的测试信息和测试度量项采取的纠正活动。行动可能包括测试活动，也可能包括软件测试生命周期中其他的活动或任务。下面介绍三个测试控制的例子。

①当有明确的风险发生时（比如软件交付延迟），需要重新设定测试的优先级。

②根据测试环境的可用性，改变测试的时间进度表。

③设定入口准则：修改后的缺陷必须经过相关的开发人员测试后才能将它们集成到版本中去。

只有在测试过程中加入测试评估，才算形成一个闭环的测试反馈系统，可以对测试中发生的各种情况进行反馈控制，以便测试工作的顺利完成。由于测试执行中会发现各种各样的软件缺陷，对这些发现的缺陷进行统计、分析得到关于测试的度量项，这就是软件评估的工作；这些测试度量项反过来指导测试控制，以修正测试执行，使测试执行适应于实际的测试情况。

整个测试过程是一个闭环的自修正系统，也是一个动态的变换过程，即根据实际情况不断修正测试计划及测试执行，其中关键的数据反馈是由测试评估提供的。由此可见，测试评估对于测试的顺利进行是必不可少的，如图 7-4-1 所示。

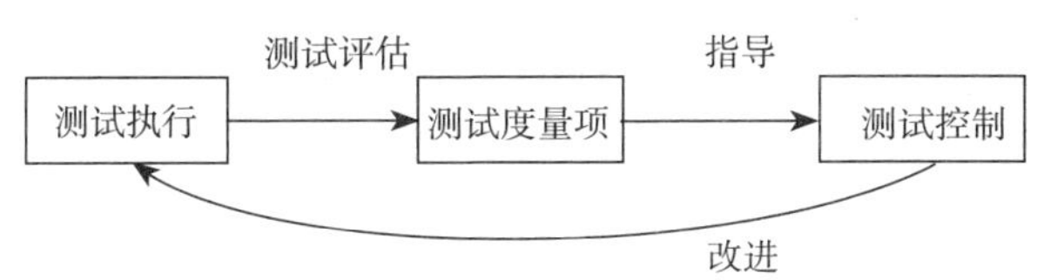

图 7-4-1　测试评估对于测试过程的作用

二、软件测试评估的分类

软件测试评估贯穿于软件的整个测试过程，因此非常重要。软件评估的方法主要包括覆盖评估和质量评估。

（一）覆盖评估

覆盖评估（Coverage Evaluation）是对测试完全程度的评估，其建立在测试覆盖的基础之上，这通常与测试的定义相关，与完成计划的程度相关。比如我们定义了 1000 个测试案例，到目前为止测试了多少？还剩多少？在代码测试中，我们采用基本路径测试法，定义了多少基本路径？测试了多少基本路径等。

最常见的覆盖评估包括基于需求的测试覆盖和基于代码的测试覆盖。如果在测试时已经对需求进行了完全分类，那么基于需求的测试覆盖就可以告诉项目经理对需求测试完成的定量程度；对于基于代码的测试覆盖而言，则可以评估已经执行的测试覆盖了多少代码或多少条路径。

1. 基于代码的测试覆盖

基于代码的测试覆盖显示到目前为止，测试已经执行了多少代码，已经测试了多少路径。

白盒测试中基于控制流测试的技术是代码测试覆盖的基础。从语句测试到路径测试，每一种测试策略都给出了对于测试代码需要的测试数量。

代码测试覆盖由于测试案例数量巨大，而且需要了解代码的内部情况，通常适用于较低级别的软件测试，比如单元测试和集成测试，而且这些测试通常由开发人员完成。代码测试覆盖率越高，后续代码出现问题的概率就会越低，这对软件产品的整体质量及节约后续测试时间都是有好处的。当然，代码测试的目标是基于代码的正确性，但是代码的正确性并不能保证需求的正确性，因此基于需求的测试从某种意义上来讲更加重要。

2. 基于需求的测试覆盖

基于需求的测试覆盖显示到目前为止完成需求测试的程度。每一个需求就像软件开发中设定的功能点，开发过程中利用完成的功能点所占的百分比来确认完成开发任务的进度，而在测试中可以通过确认完成的测试需求所占的百分比来监控测试的完成进度。由于这是一个动态的过程，在测试过程中会反复变化。

（二）质量评估

覆盖评估能够有效地评价测试完成的量，但对于测试的质还不能进行很好的评价。在测试的过程中，一方面随着测试工作的推进，测试完成的量会越来越多，但是另一方面还有一些关于发现软件缺陷本身状态的评估也会同时展现，这些与缺陷相关的测试评估我们称为质量评估（Quality Evaluation）。

质量评估与软件缺陷的分析统计密切相关。缺陷分析就是分析软件缺陷在与缺陷相关联的一个或者多个参数值上的分布。缺陷分析提供了软件的可靠性指标，这些分析为揭示软件的缺陷趋势及缺陷分布提供了判定依据。

用于描述软件测试特定属性度量单位的术语被称为软件测试的度量项（Metric）。有很多软件测试度量项，比如测试人员每天发现软件缺陷的平均数、软件缺陷在不同功能区域的分布、软件缺陷的消除速度等。

用于软件缺陷分析的软件度量项主要有以下四类。

1. 缺陷发现率

缺陷发现率（Defect Discovery Rate）是平均每天发现的软件缺陷数与测试时间的关系，通过对缺陷发现率作图，可以看到随着时间的推移，缺陷发现率的变化趋势，如图 7-4-2 所示。

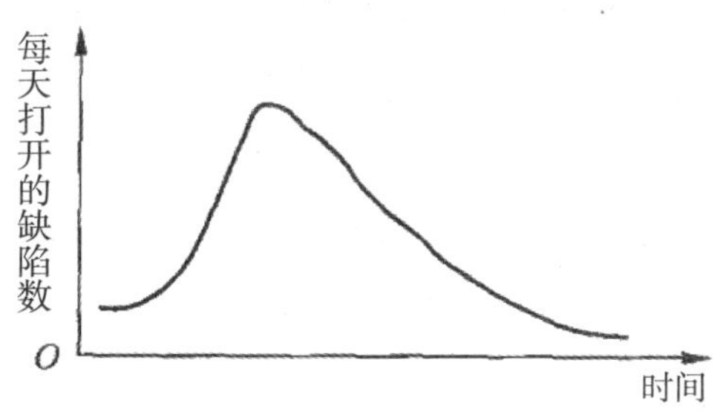

图 7-4-2　缺陷发现率

在测试的初期，软件缺陷打开的数量会快速增长，这是大量发现软件缺陷的时期。随着时间的推移，软件缺陷发现率会达到峰值。之后，软件缺陷发现率会逐渐降低，当软件缺陷的发现速率降到一定程度后（比如每天发现 1 个），软件的质量已经处于一个稳定期，这为软件的发布提供了一个依据。

在实际的工作中，还应该分析每天软件缺陷发现率减少的具体原因，是按照恒定的测试工作量发现软件缺陷的速率降低了，还是由测试人员减少或者测试用例减少所致，以便得到更为准确的缺陷发现率数据。

2. 缺陷潜伏期

软件缺陷潜伏期（Software Defect Latent Period）是缺陷引入阶段与缺陷发现阶段之间的时间差，这是分析缺陷的另一个度量单位。前面已经讲到，软件缺陷发现的时间越晚，修复缺陷所需要花费的代价越大。比如，在需求阶段发现的软件缺陷，如果在需求评审时就被发现，那么该缺陷花费的修复费用为 0；如果该缺陷在设计阶段才发现，其修复成本变为 10；如果到了测试阶段才发现该缺陷，则其修复成本变为 100，以此类推。

分析缺陷的潜伏期有利于了解缺陷修复的成本。因此，当统计发现缺陷的平均潜伏期变长时需要加强前期的评审工作；如果缺陷的平均潜伏期较短，这说明软件开发的每个阶段都进行了认真的测试，没有将本阶段的软件缺陷带入下一个阶段。在这种情况下，软件缺陷的修复成本最低。

3. 缺陷分布（密度）

缺陷分布是缺陷在软件规模（组件、模块等）上的分布情况，如每千行代码（KLOC）或每个功能点（或对象点、特征点等）的缺陷数。缺陷报告允许将缺陷计数作为一个或多个缺陷参数的函数来显示。软件缺陷密度是一种以平均值估算法来计算出软件缺陷分布的密度值。程序代码常以千行为单位，见下面的公式：

软件缺陷密度 = 软件缺陷数量 / 代码行或功能点的数量

若当前版本的缺陷密度较上一版本没有明显的变化或降低，应分析当前版本的测试效率是否降低了。如果不是，说明产品的质量得到了改善；否则，要加强测试，对开发和测试的过程进行改善。若当前版本的缺陷密度大于前一版本，应该考虑进一步提高测试效率。否则，意味着质量恶化、质量很难得到保证。这时必须延长开发周期或投入更多的资源。

4. 整体软件缺陷清除率

为了估算，先引入几个变量。F 为描述软件规模用的功能点；D_1 为在软件开发过程中发现的所有缺陷数；D_2 为软件发布后发现的缺陷数；D 为发现的总缺陷数。其中，$D=D_1+D_2$。

对于一个软件项目，有如下的计算公式。

$$质量 =D_2/F$$

$$缺陷注入率 =D/F$$

$$整体缺陷清除率 =D_1/D$$

假设某一个软件项目，有 100 个功能点，在开发过程中发现 15 个错误，提交后又发现了 5 个错误，则知 F=100，D_1=15，D_2=5，$D=D_1+D_2$=20。

根据公式计算可得：

质量 =D_2/F=5/100=0.05（5%）

缺陷注入率 =D/F=20/100=0.2（2%）

整体缺陷清除率 =D_1/D=15/20=0.75（75%）

整体缺陷清除率越高，软件产品的质量越好。否则，缺陷清除率越低，软件产品的质量越差。

第八章　软件测试的应用

当软件构建完成之后，不仅要进行软件的功能性测试，还需要进行软件的性能、约束条件等的测试，比如，软件对于硬件的适应性等，这些都属于软件测试应用的范畴。本章主要内容为软件测试的应用，分别论述了配置测试和兼容性测试、本地化测试和网站测试、安全性测试、面向对象测试。

第一节　配置测试和兼容性测试

一、配置测试

（一）配置测试概述

配置测试（Configuration Test）指使用各种硬件来测试软件操作的过程。

操作系统、数据库管理系统和信息交换系统等软件都支持多种硬件配置，包括不同类型和数量的 I/O 设备通信线路，或不同的存储容量。配置测试主要是针对硬件而言的。要保证测试的目标软件使用尽量多样化的硬件组合，测试目标软件在具体硬件配置情况下出不出现问题，为的是发现硬件配置可能出现的问题。如果所有人使用相同的计算机、相同的外设，或许就可以不提配置测试了，可显然这是不可能事件。通常可能的配置数量非常之大，以至于测试无法面面俱到，但是至少应该使用每一种类型的设备，以最大和最小的配置来测试程序。如果软件本身的配置可忽略掉某些程序组件，或者可运行在不同的计算机上，那么该软件所有可能的配置都应被测试到。

常用的硬件配置包括主机、部件、外设、接口、可选项和内存、设备驱动程序。

①主机。著名的计算机生产厂商有很多，像联想、宏碁、戴尔、惠普等，各个厂家品牌机的配置千差万别。

②部件。大多数计算机是模块化的，由各种主板、磁盘驱动器、CD-ROM驱动器、适配卡、声卡、网卡等部件构成。虽然各部件都有一定的生产标准和规范，但由于每一种部件都有很多不同的生产厂商制造，标准和规范没有得到很好的遵守，因此这些部件是引起软件问题的关键。

③外设。外设是独立工作的其他设备。它们通过接口与计算机进行联系，包括打印机、扫描仪、鼠标、键盘、显示器、投影仪、游戏杆等，外设容易引起兼容性问题。

④接口。部件和外设都是通过各种接口与计算机相连的，接口可能在计算机内部，也可能在计算机外部。常用的接口有 USB，PCI，ISA，RS/232 等。由于计算机硬件设备的飞速发展，为了适应不同的需求，硬件生产厂商常常会生产带有不同接口的同类部件或外设。

⑤可选项和内存。许多硬件具有不同的可选项和内存容量，以适合用户的不同需要。

⑥设备驱动程序。所有组件和外设都要通过设备驱动程序与操作系统联系，进而为应用程序提供服务。由于设备驱动程序直接与操作系统打交道，最容易造成系统错误。驱动程序通常由相应的硬件生产厂商提供，测试硬件时，应同时进行其驱动程序的测试。

（二）判定配置缺陷

判断缺陷是配置缺陷还是普通缺陷最可靠的方法是，在另外一台有完全不同配置的计算机上一步步执行导致问题的相同操作，如果缺陷没有产生，就极有可能是特定的配置缺陷，在独特的硬件配置下才会暴露出来；如果缺陷在多种配置中产生，应该是普通的缺陷。

（三）修复配置缺陷

首先，要找出问题所在。一个配置缺陷产生的原因很多，要求测试人员在不同的配置中运行软件时仔细检查，以确定缺陷所在。

①软件可能包含在多种配置中都会出现的缺陷。比如贺卡程序在使用激光打印机时工作正常，而在所有其他的打印机上都不能正常工作。

②软件可能包含只在某一个特殊配置中出现的缺陷。比如某个视频播放程序只在某个品牌的某种特殊型号的显卡上不能正确播放。

③某个硬件设备或者其设备驱动程序可能包含一个只有通过测试目标软件才能揭示出来的缺陷。

④硬件设备或者其设备驱动程序可能包含一个借助许多其他软件才能看出来的缺陷，尽管它可能对测试的目标软件特别明显。

前两种情况，显然要由项目开发小组负责修复缺陷。

后两种情况，责任不那么清晰。如果该硬件设备属于流行产品，被各界广泛使用，那么，开发小组需要针对缺陷对软件做修改，即使软件的运行是正确的。因为客户不关心缺陷是怎么产生的，他们只要求自己所使用的软件能正常运行。

归根结底，无论问题出在哪里，解决问题都是开发小组的责任。

（四）计算工作量

配置测试的工作量可能非常大，不可能把可能出现的配置都测试一遍。

减少测试空间的办法是等价类划分。找出一个等价类划分方法，把巨大的配置可能性减少到尽可能可以控制的范围。由于没有完全测试，因此存在一定的风险，但这正是软件测试的特点。

（五）执行配置测试

执行配置测试的一般过程如下。

1. 确定所需的硬件类型

根据软件的功能，确定哪些类型的硬件需要测试。需要打印的，测试打印机；需要发出声音的，测试声卡；需要进行图形处理的，测试显示器、扫描仪、数码相机等。

注意：在选择测试哪些硬件时容易忽略的一个特性例子是联机注册。有联机注册功能的软件系统，在配置测试中，需要测试调制解调器和网络连接。

2. 确定有哪些硬件、型号和驱动程序可用

目前有哪些硬件可用？可以从近期的计算机类杂志上看哪些硬件可用，哪些是近期流行的。还需要确定哪些型号实际上是一样的？这样可以只测试其中的一种型号即可。另外，还要确定要测试的设备驱动程序，一般选择操作系统附带的驱动程序、硬件附带的驱动程序或者硬件或操作系统公司网站上提供的最新的驱动程序。

3. 确定可能的硬件配置

每一种硬件设备都有各种不同的配置，比如彩色打印机可以打印彩色 / 黑白、照片 / 文字等，显卡可以设置不同的颜色数、屏幕分辨率等。如果被测软件只支

持其中的几种配置，则测试其支持的配置即可。如果被测软件没有指明其支持的各种配置，此时由于配置参数太多，通常测试常用的配置和软件明确要求必须支持的配置即可。

4. 将确定后的硬件配置缩减为可控制的范围

假设没有时间和计划测试所有配置，就需要把成千上万种可能的配置缩减到可以接受的范围。

一种方法是把所有配置信息放在电子表格中，列出生产厂商、型号、驱动程序版本和可选项。软件测试员和开发小组可以审查这张表，确定要测试哪些配置。

注意：把众多配置等价划分为较小范围的决定过程最终取决于软件测试员和开发小组。这没有一个定式，每一个软件工程都不相同，都有不同的选择标准。一定要保证项目小组中的每一个人（特别是项目经理），搞清楚什么配置要测试，什么配置不测试，以及相应的原因。

5. 明确与硬件配置有关的软件唯一特性

不应该也没有必要在每一种配置中完全测试软件。只需测试那些与硬件交互时互不相同的特性即可。换句话说，只需要测试在不同配置下，软件所具有的唯一特征。

要找出软件的唯一特性不是非常容易的。首先，应该进行黑盒测试，通过查看产品找出明显的特性。然后，与小组成员交流，了解其内部的程序结构情况，找出那些与配置有紧密联系的特性。比如测试字处理程序，不需要在每种打印机配置下都测试文件的打开、保存等操作，只需要在不同的字体、颜色、嵌入图片等情况下检查打印效果。

6. 设计测试用例及测试步骤

设计测试用例，并写出测试每一种配置的步骤。

①从清单中选择并建立下一个测试配置。

②启动软件。

③打开文件“config test.doc”。

④确认显示出来的文件正确无误。

⑤打印相关文档。

⑥确认没有错误提示信息，而且打印的文档符合标准文档。

⑦将任何不符之处作为软件缺陷记录下来。

实际上，这些步骤还有更多内容，包括具体要做什么、找什么的细节和说明。

目标是建立任何人都可以执行的步骤。

7. 在每种配置中执行测试

执行测试用例，仔细记录并向开发小组报告结果，必要时还要向硬件生产厂商报告。执行配置测试后，明确缺陷是不是配置缺陷有时候很困难，而且非常耗时。配置测试员通常需要与程序员、白盒测试员紧密合作，分析缺陷来源。

如果软件缺陷是硬件的原因，就需要向硬件生产厂商报告此错误，可以通过各种可行的方式（电子邮件、生产厂商的网站、电话等）进行问题报告。在错误报告中，要指明自己的软件测试员身份及所在的公司，并将测试软件的副本、测试案例和相关的细节发送给生产厂商，便于他们确认问题。

8. 反复测试直到小组对结果满意为止

配置测试一般不会贯穿整个项目期间。最初可能会尝试一些配置，接着整个测试通过，然后在越来越小的范围内确认缺陷的修复，最后达到没有未解决的缺陷，或只在罕见的配置中有缺陷，此时即可结束配置测试。

（六）获得硬件

即使把要配置的硬件可能性用等价类划分到最低限度，仍然需要很多不同的硬件。如果每一个硬件都买来，其代价非常高昂。有些硬件只是为了测试某个步骤或功能而只使用一次，如果所有硬件都购买，会造成很大浪费。为了获得要进行测试的硬件设备，下面是常用的四个原则。

1. 只买可以或者将会经常使用的配置

某些硬件配置在很多的软件系统中都会用到，在测试小组中拥有这些配置可以方便地完成大多数软件的配置测试。另外，一个测试小组中的每个人具有不同的硬件配置，也可以比较方便地进行配置测试

2. 与硬件生产商联系，看能否租借甚至赠送某些硬件

对硬件生产厂商说明自己正在测试某个软件，希望测试能否在他们的硬件上运行。很多厂商会愿意租借甚至赠送某些硬件给你，他们希望自己的设备能够被更多的软件支持，并在这些测试中检验设备的正确性。

3. 利用可以找到的硬件配置

向全公司的人询问其办公室和家里是否有配置测试需要的硬件，是否允许进行测试。

4. 到专业的配置和兼容性测试实验室去进行配置测试

如果预算充足，可以请专业的配置和兼容性测试实验室进行配置测试。这些专业的实验室拥有几乎所有知名品牌的硬件设备。这些实验室可以根据自身的经验帮忙选择合适的测试硬件并执行需要的测试，然后报告测试结果。

这种方式的缺点是开销会较大，但还是比自己购买硬件要便宜得多，而且也可以发现很多不容易找到的错误，避免错误遗留到最终发布的产品中。

进行配置测试是软件测试新手经常被指派的工作，因为它容易定义，是基本组织技能和等价划分技术的入门，也是与其他项目小组成员合作的一种任务，是项目经理快速验证结果的手段。配置测试的难度是测试空间很繁杂。

二、兼容性测试

软件兼容性测试主要是测试被测软件是否能够与其他软件正确地协同操作。随着用户需求和软件的进一步发展，对各种类型的应用程序之间共享数据的能力和多个程序并行的要求越来越高，测试程序之间能够正常交互变得越来越重要了。

软件兼容性测试的目的就是通过检查软件之间能否正确地交互和共享信息，并找出软件不能正常交互执行的缺陷，最终验证用户期望的需求能够正确实现。

对于软件兼容性的理解不能仅局限于一台计算机上各种应用程序的相互兼容，更包括整个网络或程序之间的软件交互与共享。

对于具体软件的兼容性理解，取决于用户的需求和研发组织的标准，也取决于项目小组和测试人员对兼容性的认同。

兼容性测试内容和范围主要是硬件兼容性、浏览器兼容性、数据库兼容性及操作系统兼容性等。

兼容性测试需要在各种各样的软硬件环境下进行，因此兼容性测试是软件测试中投入较大的一部分。测试中的硬件环境指进行测试所必需的服务器、客户端及网络连接设备等硬件设备所构成的环境；软件环境则指被测软件运行所需的操作系统、数据库、浏览器及与被测软件共存的其他应用软件构成的环境。

（一）硬件兼容性测试

所有软件都需要向用户说明其运行的硬件环境，对于多层结构的软件来说，需要分别说明其服务器端、客户端及网络需要的环境。硬件兼容性测试的目的就是确认这些对硬件环境的描述是否正确、合理。

硬件兼容性测试主要内容如下。

①最低配置是否能够满足系统运行的需要。在最低配置下，所有的软件功能必须能够完整地实现，软件的运行速度、响应速度应在用户能够接受的范围内；

②在推荐配置下系统的响应速度；

③考察软件对运行硬件有无特殊说明，如对 CPU、声卡及显示卡型号等。Oracle 数据库有单 CPU 版本和多 CPU 版本。

（二）浏览器兼容性测试

许多有关兼容性的变化因素是在 Web 系统环境的客户端产生的，因为每一次访问网站，顾客都需要使用硬件平台、操作系统、浏览器和其他软件组件。虽然可以支持任意一种客户机浏览器和操作系统的组合对网站进行访问，但这样做将可能导致站点功能的减少，或者导致一些界面元素的简化。

Web 是于 1989 年被在瑞士日内瓦欧洲核子研究中心（CERN）工作的英国科学家迪姆·伯纳斯·李（Tim Berners-Lee）开发出来的。随后，他在 1990 年以超文本语言 HTML 为基础编写了第一个 Web 浏览器，文档被存放在服务器上，再通过超级链接对其进行引用。最早的 Web 浏览器是纯文本的，这些浏览器只能浏览简单的信息，只能导航纯文本的页面，而且一般只能在 Unix 终端中使用。之后，经过完善，Web 浏览器不但采用了基于图形布局的文本，而且能够包含图像及更加丰富的媒体，Web 浏览器开始利用新技术而发展。NCSAs Mosaic 是首先被广泛应用的图形 Web 浏览器之一，其第一版本发布于 1994 年底。此时，网景（Netscape）公司占据浏览器市场 80% 的份额。微软公司看到了这个急速发展的契机，于 1995 年将 IE 浏览器与 Windows 95 操作系统进行捆绑销售。当时，微软公司在浏览器市场上一直远远落后于网景公司。网景浏览器的功能更多、性能更优越。但是在微软公司将 IE4.0 与 Windows 95 捆绑销售后，微软公司开始跟上了网景公司的步伐，并迅速摧毁了其领导地位。

目前，许多 Web 浏览器都可以支持多种技术和语言，这样做是为了满足用户浏览的需要。此外，一些技术（如 CSS，XML/XSLT，XHTML 等）都提供了将 Web 文件的内容从其表示中分离出来的方法。实际上，Web 浏览器发展到今天的状态，如将文件内容分割成不同的部分，包括标题、段落、与其他文件的连接等，完全是使用 HTML 的结果。添加并使用浏览器标记以控制文件的外观，并不是开发人员最初设计时所包括的内容，因此，当 Web 浏览器使用多种显示技术时，就出现了很多兼容性问题。随着掌上设备和其他类型的Web访问方法增多，这个问题尤其明显。

浏览器兼容性测试时需考虑下列因素。

1. HTML/CSS

HTML是迪姆·伯纳斯·李和他的同事于1990年创立的一种标记语言，从最初的HTML1.0开始，目前的HTML已经被修改过多次了。HTML的定义使它必须使用标准标记语言（SGML）创建其他语言。创建HTML是为了将文件标记为不同的部分，从而可以用因特网（Internet）将其发送，1993年发布的NCSA的Mosaic就是基于这种规范。一年后，IETF（因特网工程任务组）制定了HTML2.0规范，Netscape Navigator 1.0在不久后就发布了。

最初发布的网景浏览器还包括HTML语言的扩展，即所谓提议的HTML3.0标记。然而，由于那是网景统治的年代，所以只能用网景浏览使用这些标记的站点。不久，微软公司就发布了IE浏览器，同时引入了自建的标记，促使站点将IE浏览器作为首选的浏览器。

最终，W3C（万维网联盟）组织成立了，通过与主要的浏览器生产厂商协调，制定了HTML语言标准——HTML3.2。HTML3.2中包括了由网景、微软及其他生产商开发的技术。随后，W3C发布了HTML4.0规范，在这个规范中增加了许多功能，如客户端脚本。

在HTML4.0处于开发阶段时，人们就提议W3C接受CSS。CSS也适用于将文档内容与显示方式分离开来。CSS允许Web开发人员将样式用于HTML元素，以便于修改元素的物理外观。这样就提供了一个机制，不是为了创建一种新的HTML标记，而是为了控制浏览器重现标记的方式。有了CSS，就可以使用样式表控制浏览器显示内容形式，文件只要保存一些基本内容就可以了。CSS有两个级别：CSS1和CSS2。CSS2增加了许多CSS1所没有的新功能，包括对元素的精确定位和对元素可见性的控制。CSS也是容易出现兼容性问题的另一个地方。

2. ECMAScript

Netscape Navigator 2.0为Web设计人员提供了一个新功能：将脚本代码放置在HTML页面中，并在客户机上执行它。这种功能是通过使用JavaScript来实现的，该语言为网页脚本编程语言。当发布Netscape Nevigator 2.0时，这个功能是网景浏览器所特有的功能。

微软公司在 IE 浏览器中也同样提供了脚本编程能力，可以支持两种语言：VBScript 和 JScript。VBScript 是微软公司的脚本编程语言，JScript 除了个别地方之外，都可以与网景公司的 JavaScript 兼容。后来，JavaScript/JScript 通过标准化成为 ECMAScript，这两个公司过去发布的多个浏览器版本都可以支持这个脚本编程语言。ECMAScript 语言可以与大部分浏览器兼容，个别特殊的浏览器除外。

3. 文档对象模型

客户端脚本：要使网页具有交互性，一种较常见的方法就是使用客户端脚本。利用客户端脚本，Web 开发人员可以编写在客户机上执行并与网页上的元素交互的代码。这种交互通过浏览器的 DOM（文档对象模型）来启用。

DOM 对于客户端脚本编程是十分重要的，它是一组文档元素，通过脚本编程，如 IE，网景及其他具有不同脚本的编程“模型”，可以访问诸如表、表单元素等页面对象的浏览器。具体如图 8-1-1 所示。

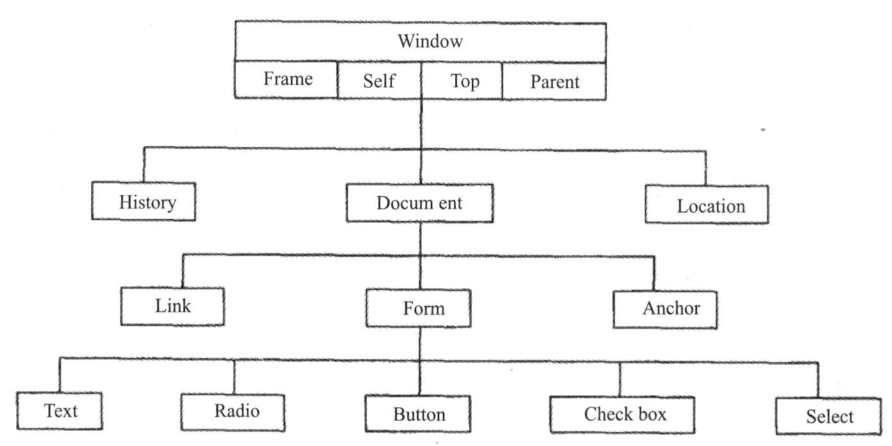

图 8-1-1　文档对象模型

Window 对象：在层次的顶部是 Window 对象，这种对象代表 HTML 文档在浏览器窗口的内容区域。在多重框架环境下，每个框架都是一个窗口。因为所有的动作都是在窗口内发生的，窗口是对象层次中最外部的元素，它的物理界限包含文档。

Document 对象：每个载入窗口中的 HTML 文档成为一个 Document 对象。Document 对象几乎包含了模型中最多的其他类对象，可以这样认为：文档包括了用户想要编辑的全部内容。

Form 对象：表单元素。

表单元素：用“<form></form>”容纳表单元素。

4. Cookie

Cookie 是 Web 服务器保存在用户硬盘上的一段文本。它允许一个 Web 站点在用户的电脑上保存信息并且随后再取回它，信息的片段以“名 / 值”对（Name-Value Pairs）的形式储存。举例来说，一个 Web 站点可能会为每一个访问者产生唯一的一个 ID，然后以 Cookie 文件的形式保存在每个用户的机器上。如果使用 IE 浏览器访问 Web，会看到所有保存在硬盘上的 Cookie，它们最常存放的地方是“C：\Windows\Cookies”（在 Windows 2000 中则是“C：\Documents and Settings\ 用户名 \Cookies”）。每一个文件都是一个由“名 / 值”对组成的文本文件，另外还有一个文件保存着所有对应的 Web 站点的信息。

对于网站来说，支持 HTTP Cookie 是另一个容易出现兼容性问题的方面。Cookie 最初是网景浏览器的一个功能，其他浏览器生产商也使用这个非常有用的功能。目前，它在主要的浏览器中已成为一种标准。还有一些浏览器目前不会支持 Cookie，或者是用户的设备位于某个代理服务器之后，而这个代理服务器不允许 Cookie 通过。此外，用户可以将浏览器配置成不接受 Cookie，或者使用 Cookie 数据块软件包。基于以上原因，在设置 Cookie 之前，需要对 Cookie 进行一段时间的测试，以确保 Cookie 的兼容性。Cookie 测试步骤如下。

①使用一个名称，如 test cookie，在客户机上设置一个测试 Cookie。

②将客户机重新转向另一页，并检查 Cookie 是否被服务器接收。

③如果 Cookie 被接收，浏览器及服务器之间的网络就可以处理 Cookie，处理过程与正常状态相同。

5. 插件

网站有时可能要为用户提供非 HTML 文档，允许用户查看非 HTML 文档的一种方法就是使用插件。这是一种二进制组件，可以扩展用户浏览器的功能，使之能够查看某种特定类型的文档。例如，PDF 文档需要使用 Adobe Acrobat Plugin 才能查看。插件是针对平台的，因此，用户的操作系统必须要有相应的某种版本。

Netscape Navigator 2.0 引入了插件的概念，插件也就是外部程序，可以由浏览器调用，用来查看作为网页组成部分或者网页整体的外部数据类型。Netscape

设计了 Navigator Plugin API，为浏览器生产商提供了一种方法，来编写以特定的方式与浏览器交互的插件。IE 浏览器也支持 Navigator Plugin API，因此，大多数插件可以在这两种浏览器上运行。实际上，大多数浏览器都支持 Navigator Plugin API。然而，插件是面向平台的，使用 Windows 操作系统的用户需要使用 Windows 版本的插件，Macintosh 用户需要使用 Mac OS 版本的插件。

尽管 API 得到了广泛支持，但插件与主机浏览器之间的交互仍会产生兼容性问题。尽管有些插件操作没有问题，但使用了先进特性的其他插件也许会出现兼容性问题。

如果希望系统能够支持大量最终用户的操作系统，就必须保证站点所要求的任何浏览器插件都可以用于最终用户的操作系统。因为插件是一种二进制组件，如果插件是为自己公司的浏览器开发的，那么插件的生产厂商就必须保证有一个版本可以用于任何一个操作系统。在为自己公司的浏览器开发插件时，插件必须可以移植到目标操作系统。

6. Java 小程序（Applet）

与 ActiveX 控件相似的是，Java 小程序可以增强客户端功能。然而，Java 小程序不是二进制组件，他们只是与平台无关的字节码。

Navigator 2.0 引入了另外一项新技术——Java 小程序。使用 Java 语言及其提供的工具，Web 开发人员现在已经可以编写能够自动下载到客户机中，并且可以在浏览器上运行交互的组件。Java 小程序需要一种客户端运行期间组件，即 Java 虚拟机（Java Virtual Machine，JVM）。通过使用 JVM，任何支持 Java 小程序的浏览器都可以显示 Java 小程序。多数主要的浏览器都可以支持 Java，即使是那些本身不能支持 Java 的浏览器，也通过使用 Java 插件实现了对 Java 的支持。

一些兼容性问题与 Java 小程序有关。对于小程序来说，我们最关心的兼容性问题是客户机的 JVM 对程序支持的程度。下面我们要介绍在 Windows 客户机平台上使用 JVM 时所关心的一些兼容性问题。

①一些 Windows 版本装载了 JVM 版本。这个 JVM 被认为是操作系统的一部分，可以通过修补程序或者服务程序组件进行更新。

②在 Windows 运行的 IE 浏览器使用由操作系统安装的 JVM 版本。然而，在更新 IE 浏览器时，可能导致正处于执行中的 JVM 也随之更新。

③网景公司使用自己的 JVM，与 Windows 操作系统中的 JVM 版本是相互独立的。

在客户机中，当希望使用 Java 小程序时，所需的支持级别是由建立这个小程序的 JDK 决定的。因为 JDK 是向后兼容的，所以使用 JDK1.1 开发的小程序仍旧可以在使用 JDK1.3 的浏览器中正常工作。

请注意，虽然微软公司的 Visual J++6.0 环境是基于 SUNJDK1.4 版本的，但它也添加了许多微软公司特有的扩展功能，这些扩展功能在非 JVM 的环境中是无法运行的。在使用 Visual J++ 开发跨浏览器小程序时，开发人员最好在小程序中只使用 Java 代码，这意味着小程序会与 Sun Java 规范一致，不使用微软公司所特有的扩展功能。尽管如此，仍旧无法避免出现兼容性问题。

7. ActiveX 控件

与插件相似的是，ActiveX 控件也是二进制组件，它能够在客户机上提供高级功能。ActiveX 控件嵌入网页内部，用来显示专门的内容，如优质的音频或增强的用户交互。

ActiveX 控件是实现插件和 Java 小程序活动能力的另一种方法。ActiveX 控件从创建之日起就能够被 IE 浏览器支持，它与插件非常相似，也是平台所特有的二进制组件，必须下载并安装在用户机中。一旦安装完毕，控件就可以嵌入网页中，并可以从客户端脚本进行访问，就像 Java 小程序一样。与插件相似，ActiveX 控件必须能够在给定的用户操作系统或者环境中正常运行，并针对具体的用户平台来建立。目前，只有 Windows 和 Macinosh 平台支持 AcitiveX，但在 UNIX 系统中使用的 IE 浏览器不支持 ActiveX 控件。

8. XML

尽管 HTML/XHTML 非常适用基于 Web 的文档分布，但它并不适用纯数据的分布。例如，HTML 不能执行姓名和电话号码的清单结构。XML（可扩展标记语言）对于处理数据十分理想，因为它可以在必要的情况下对数据结构进行描述和验证。XSLT（用于转换的可扩展样式表语言）用于将 XML 数据转换成另一种格式，如 HTML。

XML 是新出现的技术。然而，它已迅速发展成为 Web 系统开发语言中一项重要的技术。与 SGML 相似的是，XML 也是用来定义其他语言的语言。尽管 XML 功能比 SGML 少，但由于要求严格，因此更容易操作。

因为 XML 使用标记识别数据，所以在创建包含任何数据的文件时非常简便。与 HTML/XHTMLR 能用于标记传统文件不同的是，XML 可以完成更多任务。

XML 数据通常使用 XML 分析程序进行处理。XML 分析程序是一个组件，提供了一系列用于从程序导航 XML 文档的功能。虽然该章节不能全面介绍 XML，但根据前面介绍的 XML 例子，可以看到数据表现为树型结构。在这个树型结构中，每一个数据段都使用一个标记。在 XML 数据中没有任何有关如何显示的信息。当然，使用 XML 的对应技术 XSLT，可以将 XML 数据转换成适合于浏览器或者其他程序的格式。

XLST 包括一系列用于从 XML 文档中对数据导航和输出的指令。XSLT 较为常用的作用是将 XML 流转换成 HTML 文件，以便在浏览器中显示出来。只有 IE5.0 或者更高的版本才可以支持 XLST 对 XML 文件进行转换。

9. 字体

一般来说，在系统中指定字体时，为了避免出现兼容性问题，最好的方法是使用常用字体，如 Arial，Courier，Times New Roman。因为多数操作系统和浏览器都支持这几种字体，所以使用这些字体可以最大限度地保证兼容性，然而字体大小也会造成一些问题。为了实现更广泛的兼容，可以使用适当的字体创建具有文本的图像文件，并显示图像，而不是文本。

10. 颜色

为了保证网站的兼容性，应当充分考虑颜色问题，因为用户显示器的设置可能无法正确再现网页指定的或者是在图像文件中所用的某种颜色。如果网页或者图像文件调用的某种颜色不在用户设备可用颜色设置的范围内，就会对这个颜色进行抖动处理，或者使用两种非常接近的颜色创建所需要的颜色。

考虑到颜色深度的位数（8 位、15 位、16 位、24 位）、操作系统、浏览器版本及浏览器故障等因素，只有很少的几种颜色可以在网页中使用，显示颜色时不会出现抖动处理现象。选取哪些颜色，要根据目标浏览器和站点的操作系统的具体情况来决定。

图形设计人员一般会使用 Web 安全调色板，也就是 216 色调色板，它所包含的颜色在 Windows 和 Macintosh 系统中使用 IE 浏览器和网景浏览器时不会出现抖动现象。但遗憾的是，对于至少需要运行 24 位颜色深度的 UNIX 浏览器来说，这些颜色是不合适的。

11. 图像格式

在 Web 中有三种主要的图像文件格式：GIF，JPEG，PNG。这三种图像文件格式各有优缺点。

GIF 最初是由计算机服务（CompuServe）公司创建的，G1F 可以压缩到 8 位（256 色）的图像，而且不会丢失图像的任何内容。GIF 格式还支持动画，允许将多个 GIF 图像先后保存到一个文件中，然后再按顺序播放这些动画。

JPEG 图形可以支持 24 位（16 700 000 色）图像，并提供了可配置性很高的压缩。然而，这样的压缩代价是非常高的，因为在压缩后将损失一些图像内容，所保存的图像与创建时的图像不完全一样，有一些区域丢失了。

PNG 是一种近年来才出现的图形格式，PNG 文件的压缩比一般的 GIF 文件的压缩大 30%，并且可以保存 48 位颜色信息。PNG 还提供了一些新的功能，例如，执行交叉平台的灰度系数修正和元数据查找。目前，W3C 建议使用这种格式的图像文件。与 GIF 文件类似，PNG 图像在进行压缩时也不会丢失图像的任何内容。

处理较小的线条图像时，如图标和多数网页图形，一般使用 GIF 或 PNG 格式的图像文件。处理较大的真实照片图像时，则使用 JPEG 格式的图像文件。虽然使用这样格式的文件会丢失一小部分图像内容，但观看效果还是可以接受的。在处理图标或者较小的网页时，使用 JPEG 格式的图像文件就不合适了。

使用 GIF 格式的图像文件或是使用 PNG 格式的图像文件，要根据站点的兼容性要求而定。版本较老的浏览器不支持 PNG 格式的图像文件，也就无法显示 PNG 图像。在这种情况下，就只能使用 GIF 格式的图像文件。虽然当前的浏览器版本可以支持 PNG 格式的图像文件，但可能不支持一些更先进的新功能，如灰度系数修正和透明处理等，在使用这些功能时，可能会引起显示错误。

12. 安全协议

在网站与浏览器之间保持通信的安全要涉及 SSL 的使用，这种协议也有多种不同的变体和版本，例如 40 位与 128 位 SSL。为了能够支持安全通信，客户机和浏览器必须能够支持 Web 系统指定的安全协议及不同的版本和变体。

13. 压缩

响应时间指站点通过网络将一个网页发送给用户所需要的时间，它是评估站点可用性的重要因素。利用压缩技术，可以减少从服务器传送给客户机的信息量，以此来影响响应时间。为了实现这个功能，用户浏览器必须能够支持服务器所用的压缩算法。

只有支持 HTTP1.1 的浏览器和服务器才能参与压缩。HTTP1.1 中包含了一个特殊的头，浏览器在这个头中指明所支持的压缩类型。

为了表明哪些平台和浏览器的组合可能被支持，可以创建一个矩阵，排除掉不存在的配对。这个矩阵可以这么表示：纵轴列出浏览器，横轴列出操作系统。这样的排列能够清晰地显示出所有测试的可能情况。

（三）数据库兼容性测试

目前，数据库的应用向多元化发展，大型的应用往往涉及不同的应用领域，需要不同模型的数据库，同时，各个数据库管理系统之间的互操作性、移植性都越来越受到大家的重视，再加上开发工具的发展，促进了数据库标准的成熟与发展。数据库标准主要包括 SQL，ODBC，JDBC，ADO，OLEDB，JDO 等。数据库管理系统主要有 Oracle，DB2，Sybase，Microsoft SQL Server，MySQL 等。

SQL 是对数据库进行操作的基本语言，它于 1974 年被提出，1986 年成为美国的数据语言标准，1987 年成为 ISO 标准，以后多次进行版本升级，到目前为止，已经制定出的 SQL 的标准有 SQL-86，SQL-89，SQL-92，SQL-99 等。目前，数据库产品对 SQL 标准的支持程度并不相同。

ODBC 是微软公司开发的一套开放数据库系统应用程序接口规范，它是微软公司 WOSA（Windows Open System Architecture）的主要组成部分。ODBC 接口的最大优点是其相互操作能力强。在理想情况下，每一个驱动程序和数据源应支持完全相同的 ODBC 函数和 SQL 语句，使得 ODBC 应用程序可以操作所有的数据库系统。然而，不同的数据系统对 SQL 语法的支持程度各不相同，实现的 ODBC 规范所定义的功能也会有所不同。

JDBC 是 Java 同数据库系统的连接驱动程序，各个数据库对 JDBC 的支持也并不相同。

（四）操作系统兼容性测试

由于软件开发技术的限制及各种操作系统之间存在着巨大的差异性，目前大多数商业软件并不能达到理想的平台无关性。如果设计的软件能运行在多个操作系统上，那就要测试该软件与操作系统的兼容性。对于多层结构的软件，要分析测试客户端和服务端操作系统的兼容性。

操作系统兼容性测试内容不仅包括安装测试，还需要对关键流程进行测试。需要测试哪些操作系统的兼容性，主要取决于用户现场操作系统类型。下面介绍几种常用操作系统测试时应注意的问题。

1. Windows

随着微软对 Windows 的不断升级，对于上一代操作系统，如 Windows 32、Windows 95，除非有特殊需求，一般都不再作出支持承诺。对于B/S结构的客户端，至少需要在 Windows 98，Windows 2000，Windows Me，Windows XP 上进行测试，英文版和中文版的需分别测试，在英文版操作系统上测试中文版应用程序时，要特别注意是否会出现英文信息或乱字符，在中文版操作系统上测试英文软件时，注意是否存在提示文字不能完全显示现象。测试前要保证测试环境中所有的补丁都已安装。

2. Linux

Linux 作为自由软件，其核心版本是唯一的，而发行版本则不受限制，版本之间存在较大的差异性，需要对多发行商、多版本进行测试。

3. Unix

与 Linux 操作系统一样，Unix 操作系统也存在 Solaris，IBM，惠普等多个厂商的多个版本，不过由于在这些 Unix 操作系统运行的软件往往需要重新编译才能运行，所以只需要测试软件承诺的操作系统版本即可。

4. Macintosh

使用这类系统的往往是图形专用软件。对于 Web 站点需要进行 Macintosh 系统下的测试，有些字体在这个系统可能不存在，因此需要确认选择了备用字体后再测试。

（五）兼容性测试案例

许多使用托管代码的应用程序要求在计算机上安装特定版本的 .NET Framework，在某些情况下，在特定版本的 .NET Framework 上开发的应用程序尝试在较新版本的 .NET Framework 中运行时可能会遇到问题。为了确保应用程序的正确性，需要在不同版本的 .NET Framework 环境中测试应用程序的兼容性。

可以进行下面 5 个方面的兼容性测试，以验证应用程序能否在较新的 .NET Framework 版本中正常工作。.NET Framework 兼容性的一个重要原理是并行（Side-by-Side）执行，这意味着完全托管的应用程序将尝试在其构建时所用的 .NET Framework 版本中运行。

在某些配置中（包括寄宿于本机应用程序的情况），应用程序或组件需要在计算机上可用的最新版本的 .NET Framework 中运行，这就有可能暴露兼容性问题。

需要为应用程序进行兼容性测试的五个方面如下：

①在并行安装了 .NET Framework 1.x 和 2.0 的计算机中能否正确安装应用程序。

②在并行安装了 .NET Framework 1.x 和 2.0 的计算机中能否正确运行应用程序。

③在并行安装了 .NET Framework 1.x 和 2.0 并将应用程序配置为在 .NET Framework 1.x 上运行的计算机中能否正确运行应用程序。

④在并行安装了 .NET Framework 1.x 和 2.0 并将应用程序配置为在 .NET Framework 2.0 上运行的计算机中能否正确运行应用程序。

⑤在只安装了 .NET Framework 2.0 的计算机中能否正确安装应用程序。

三、Web 网站配置和兼容性测试

验证应用程序可以在用户使用的机器上运行。如果用户是全球范围的，需要测试各种操作系统、浏览器、视频设置的速度。最后，还要尝试各种设置的组合。

（一）平台测试

市场上有很多不同的操作系统类型，最常见的有 Windows，Unix，Linux 等。Web 应用系统的最终用户究竟使用哪一种操作系统，取决于用户系统的配置。这样，就可能会发生兼容性问题，同一个应用在某些操作系统下可能正常运行，但在另外的操作系统下可能会运行失败。

因此，在 Web 系统发布之前，需要在各种操作系统下对 Web 系统进行兼容性测试。

（二）浏览器测试

浏览器是 Web 客户端核心的构件，需要测试站点能否使用各种浏览器或进行浏览。来自不同厂商的浏览器对 Java、JavaScript、ActiveX 或不同的 HTML 规格有不同的支持，有些 HTML 命令或脚本只能在某些特定的浏览器上运行。

例如，ActiveX 是微软公司的产品，是为 IE 浏览器而设计的，JavaScript 是网景公司的产品，Java 是太阳公司（Sun）的产品等。另外，框架和层次结构风格在不同的浏览器中也有不同的显示，甚至根本不显示。不同的浏览器对安全性和 Java 的设置也不一样。

测试浏览器兼容性的一个方法是创建一个兼容性矩阵，测试不同厂商、不同版本的浏览器对某些构件和设置的适应性。

大多数 Web 浏览器允许大量自定义，如图 8-1-2 所示，可以选择安全性选项、文字标签的处理方式、是否启用插件等。不同的选项对于网站的运行有各自不同的影响，因此测试时每个选项都要考虑。

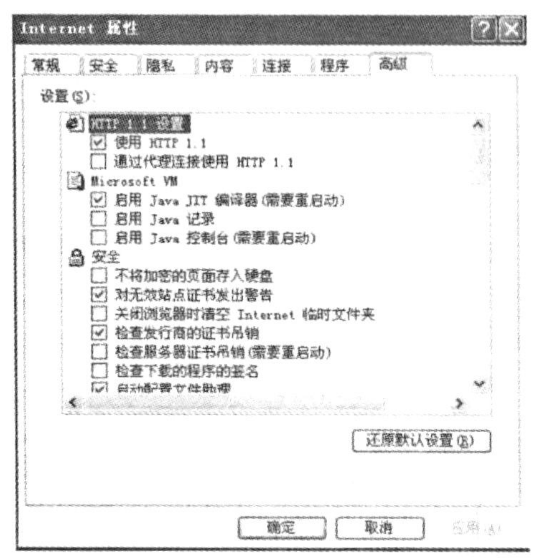

图 8-1-2　IE 浏览器的可配置性

（三）打印机测试

用户可能会将网页打印出来。因此网页在设计的时候要考虑到打印问题，注意节约纸张和油墨。有不少用户喜欢阅读而不是盯着屏幕，因此需要验证网页打印是否正常。有时在屏幕上显示的图片和文本的对齐方式可能与打印出来的东西不一样。测试人员至少需要验证订单，确认页面打印是正常的。

（四）组合测试

最后需要进行组合测试。600 × 800 的分辨率在 Mac 机上可能不错，在 IBM 兼容机上却很难看。在 IBM 机器上使用网景浏览器能正常显示，却无法使用 Lynx 浏览器来浏览。

如果是内部使用的 Web 站点，测试可能会轻松一些。如果公司指定使用某个类型的浏览器，那么在该浏览器上进行测试即可。如果所有的人都使用 T1 专线，可能不需要测试下载时间。但需要注意的是，可能会有员工从家里进入系统。有些内部应用程序，开发部门可能在系统需求中声明不支持某些系统而只支持一些已设置的系统。但理想的情况是，系统能在所有机器上运行，这样就不会限制将来的发展和变动。

可以根据实际情况采取等价划分测试的方法，列出兼容性矩阵。

第二节　本地化测试和网站测试

一、本地化测试

（一）本地化测试概述

本地化（Localization）就是将一个应用系统变成适用于某个特定区域或特定文化的过程，比如将英文版本的 Windows 操作系统改成中文版本的 Windows 操作系统就是本地化。为一个国家或地区编写的软件不一定能被其他地区或国家的用户很好地接受，即使都是英语国家也是这样，因为有美式英语、加拿大式英语、澳大利亚式英语和英式英语等，它们之间存在差异，对系统的要求也会不一样。

对一个应用系统进行本地化时，需要考虑当地的语言、方言、地区习俗和文化。本地化包括用户界面的翻译、为适应特定文化而改变一些图形、帮助文档的翻译等。

本地化测试（Localization Testing）就是对软件的本地化版本进行的测试，主要测试特定目标区域设置的软件本地化质量。

本地化软件的错误主要分为以下两大类。

1. 功能错误

功能错误一般是由源程序软件编码错误引起的。

2. 翻译错误

翻译错误一般是由软件本地化引起的。

本地化测试更注重由本地化引起的错误，例如翻译是否正确、本地化的界面是否美观、本地化后的功能是否与源语言软件保持一致等。本地化测试的环境是在本地化的操作系统上安装本地化的软件。

本地化测试从测试方法上可以分为基本功能测试、安装 / 卸载测试、当地区域的软硬件兼容性测试。本地化测试的内容主要包括软件本地化后的界面布局和软件翻译的语言质量，其中软件翻译的语言质量包含软件、文档和联机帮助等部分。这里主要介绍本地化测试的内容。

（二）本地化测试的内容

在本地化测试中，一个主要的问题是确保被测产品能够适合要推向的市场。要达到这个目标，在进行本地化测试时，需要考虑如下五个方面的测试。

1. 用户界面问题

用户界面问题通常表现为以下方面。

①控件的文字被截断。对话框中的文本框、按钮、列表框、状态栏中的本地化文字只显示了一部分。

②控件或文字没有对齐。对话框中的同类控件或本地化文字没有对齐。

③控件位置重叠。对话框中的控件彼此重叠。

④多余的文字。软件程序的窗口或对话框中出现多余的文字。

⑤丢失的文字。窗口或对话框中的文字部分或全部丢失。

⑥不一致的控件布局。本地化软件的控件布局与源语言软件不一致。

⑦文字的字体、字号错误。控件的文字显示不美观，不符合本地化语言的正确字体和字号。

⑧多余的空格。本地化文字字符之间存在多余的空格。

2. 翻译质量问题

由于翻译的水平不够，可能出现的错误包括以下方面。

①文字没有本地化。对话框或窗口中的应该本地化的文字没有本地化。

②文字不完整的本地化。对话框或窗口中应该本地化的文字只有一部分本地化。

③错误的本地化。源语言文字被错误地本地化，或者对政治敏感的文字错误地进行了本地化。

④不一致的本地化。相同的文字前后翻译不一致；相同的文字各语言之间不一致；相同的文字软件用户界面与联机帮助文件不一致。

⑤过度本地化。不应该本地化的字符进行了本地化。

⑥标点符号、版权、商标符号错误。标点符号、版权和商标符号的本地化不符合本地化语言的使用习惯。

3. 由本地化带来的功能错误

功能缺陷是本地化软件中的某些功能不起作用、功能错误或者与源语言功能不一致。在本地化测试中，首先要确定本地化软件功能是否与源语言软件功能一致。其次，需要测试由本地化带来的其他功能错误，主要包括以下方面内容。

（1）功能不起作用

菜单、对话框的按钮、超链接不起作用。

（2）功能错误

①菜单、对话框的按钮、超链接引起程序崩溃。

②菜单、对话框的按钮、超链接带来与源语言软件不一致的错误结果。

③超链接没有链接到本地化的网站或页面。

④软件的功能不符合本地化用户的使用要求。

（3）热键和快捷键错误

①菜单或对话框中存在重复的热键。

②本地化软件中缺少热键或快捷键。

③不一致的热键或快捷键。

④快捷键或快捷键无效。

（4）文本计算错误

文字排序错误：在显示文件列表或者网站地址列表时，源语言程序中可能是按照英文字母字典序排序显示，在本地化为某种其他语言后，其排序规则会发生变化。软件是否支持以当地文字的排序方式显示？比如在中文显示中，是否支持按照中文笔画顺序排序？

大小写转换错误：很多程序员擅长的大小写转换方式是在字母的 ASCII 码值上加 / 减 32，可以完成英文字母 a ～ z 的大小写转换。问题是，这一点不适用于其他扩展字符。

4. 源语言国际化缺陷

源语言国际化缺陷是由在源语言软件设计过程中对软件的本地化能力的处理不足引起的，它只出现在本地化的软件中。包括的错误有以下方面。

（1）区域设置错误

①本地化日期格式错误。年月日的顺序，使用什么样的分隔符（“-”还是“/”），小于 2 位数的月和日是否应该有前导 0。

②本地化时间格式错误。12 小时制还是 24 小时制，分隔符是什么。

③本地化数字格式（小数点、千位分隔符）错误。

④本地化货币单位或格式错误。不同地区货币符号及其显示位置各不相同。

⑤本地化度量单位错误。米制还是英制。

⑥本地化纸张大小错误。各地习惯使用的纸张是 A4 还是 letter 大小。

⑦本地化电话号码。电话号码位数、分隔符。

⑧地址错误。地址书写顺序、邮政编码位数等。

（2）双字节字符错误

特别地，在本地化软件为中文软件的时候，由于中文中的每个字是双字节字符，因此，要非常注意对双字节字符错误的测试。双字节字符错误产生的原因有如下三种。

①源程序在设计时没有考虑双字节语言的支持。

②软件本地化后，单字节字符向双字节字符转化过程中，由于单字节和双字节之间的差别，可能使得某些本地化后的双字节字符显示为乱码。

③软件本地化后，对程序中控制符号如换行符“\n”处理错误而引起乱码。

双字节字符错误主要有不支持双字节字符的输入；双字节字符显示乱码；不能保存含有双字节字符内容的文件；不能打印双字节字符。

5. 安装 / 卸载性能测试

测试本地化的软件是否可以正确地安装 / 卸载在本地语言的操作系统上（包括是否支持本地语言的安装目录名）；安装 / 卸载前后安装文件、快捷方式、程序图标和注册表等的变化是否与源语言程序一致。

另外，最好还要在产品投入当地市场之前，检查一下是否符合当地的法律、法规。

（三）本地化测试的特点

本地化测试的对象是本地化的软件、网站、联机帮助等内容，除了具有软件测试的一般特征，还具有以下特征。

1. 本地化测试对语言的要求较高

不仅要准确理解源语言（因为原始的关于测试的全部文档，例如测试计划、测试用例、测试管理文档、工作邮件等都是用源语言写的），还要让会本地母语的人员进行本地化测试，这可以帮助确定本地化软件中的语言质量问题。例如，要测试简体中文的本地化产品，中国内地人完全可以胜任，而测试德语本地化软件，需要母语是德语的测试人员才能满足要求。

2. 本地化测试以手工测试为主，但是经常使用许多定制的专用测试程序

手工测试是本地化测试的主要方法，为了提高效率、满足特定测试需要，经常使用各种专门开发的测试工具。

比如，HtmlQA 是思迪（SDL International）公司针对软件本地化行业开发的商业工具，用于测试源语言和本地化语言的项目文件的本地化质量，每个项目文件包含一系列 HTML 文件。HtmlQA 可以执行一系列本地化 HTML 文件检查，确定本地化的 HTML 文件与源语言对应的 HTML 文件是否具有一致的功能。

3. 本地化测试通常采用外包测试进行

为了降低成本、保证测试质量，国外的大型软件开发公司都把本地化的产品外包给各个不同的专业本地化服务公司，软件公司负责提供测试技术指导和测试进度管理。

4. 本地化测试可以发现绝大多数缺陷

本地化缺陷主要包括语言质量缺陷、用户界面布局缺陷、本地化功能缺陷等。这些缺陷具有比较明显的特征，采用规范的测试流程，可以发现绝大多数缺陷。

5. 本地化测试特别强调交流和沟通

由于实行外包测试，本地化测试公司要经常与位于国外的软件开发公司进行有效交流，以便测试按照计划和质量完成。有些项目需要每天与客户交流，发送进度报告。更多的是每周报告进度，进行电话会议、电子邮件等交流。此外，本地化测试公司内部的测试团队成员也经常交流彼此的进度和问题。

6. 本地化测试属于发展比较迅速的专业测试

一方面，由于中国属于较大的软件消费市场，国外的大型软件公司为了在中国获得更多的软件销售利润，越来越多的软件都要进行中文本地化。另一方面，中国成为新兴的软件外包服务提供国，国外公司逐渐把软件外包测试放在中国进行。这样，本地化测试就不断发展起来，目前中国很多大型本地化服务公司的本地化测试业务都呈现稳定增长的态势。

二、网站测试

网站测试（Web Testing）是面向因特网 Web 页面的测试。众所周知，因特网网页是由文字、图形、声音、视频和超级链接等组成的文档。网络客户端用户通过在浏览器中的操作，搜索浏览所需要的信息资源。

随着互联网的快速发展和广泛应用，Web 已经应用到政府机构、企业公司、财经证券、教育娱乐等各个方面，对我们的工作和生活产生了深远的影响。正因为 Web 能够提供各种信息的链接和发布，并且内容易于被终端用户存取，使得其非常流行、无所不在。现在，许多传统的信息和数据库系统正在被移植到互联网上，复杂的分布式应用也正在 Web 环境中出现。

基于 Web 网站的测试是一项重要、复杂并且富有难度的工作。Web 测试相对于非 Web 测试来说是一项更具挑战性的工作，用户对 Web 页面质量有很高的期望。Web 测试与传统的软件测试不同，它不但需要检查和验证是否按照设计所要求的项目正常运行，而且还要测试系统在不同用户的浏览器端的显示是否合适。另外，还要从最终用户的角度进行安全性和可用性测试。然而，因特网和 Web 的不可预见性使 Web 测试变得困难。因此，我们需要研究 Web 测试的方法和技术。

针对 Web 的测试方法，应该尽量覆盖 Web 的各个方面，测试技术方面在继承传统测试技术的基础上要结合 Web 应用的特点。

Web 测试与传统的软件测试既有相同之处，也有不同的地方，对软件测试提出了新的挑战。Web 测试不但需要检查和验证是否按照设计的要求运行，而且还要评价系统在不同用户的浏览器端的显示是否合适。更需要从最终用户的角度进行安全性和可用性测试。

通常 Web 测试的内容包含以下几方面：功能测试、性能测试、安全性测试、可用性 / 易用性测试、配置和兼容性测试、数据库测试、代码合法性测试、完成测试。实际上，Web 网页各种各样，可以针对具体情况选用不同的测试方法和技术。

（一）网站测试的步骤

网站在进行部署实施前需要进行测试。下面介绍网站测试的五个步骤，根据网站的大小、复杂度和整体策略，裁剪以下的步骤，以便符合具体的测试需求。

1. 确定测试目标

确保测试目标是可实现的，通过编写具体的测试计划，使项目团队能正确理解测试目标，并围绕测试目标开展工作。在编写测试计划时，应区分测试目标的优先次序，可以通过提问来明确测试目标的优先次序，比如："哪个是更重要的，是最少缺陷，还是推广到市场的时间最短？"

2. 制定测试流程和报告

保证测试项目组中的每个人都清楚自己在项目中担当的角色，知道谁在何时应该给谁做什么样的报告。需要正式或非正式地制定测试的流程和报告。不同的网站测试的流程和报告有不同的要求。

3. 创建测试环境

从开发产品的环境中分离出测试环境，这包括独立的 Web 服务器、数据服务器、应用服务器等，可以利用现有的计算机来构建这些测试环境，制定具体的步骤，并按照步骤来分配测试代码。同时，与开发组一起合作，以保证被测试源代码的每个版本都有唯一确定的定义。

4. 执行测试

在创建的测试环境下对网站进行系列测试，进行能在用户终端立刻见到的内容和界面的功能测试，然后聚焦在测试网站的技术能力上，这些对用户来说不是显而易见的，比如网站的基础设施、安装和实现问题等。执行的测试顺序是用户界面测试、网站功能测试、网站性能测试、网站兼容性测试等。

5. 跟踪测试结果

一旦开始执行测试计划，就会产生关于 Bug、问题、缺陷等的大量信息，需要简单地存储、组织和分派这些信息给开发人员，还需要管理测试结果和状态，并对测试结果进行分析，得出测试结论。

（二）用户界面测试

1. 导航测试

导航描述了用户在一个页面内操作的方式，包括在不同的用户接口控制之间，或在不同的连接页面之间。通过考虑下列问题，可以决定一个网站是否易于导航：导航是否直观？网站的主要部分是否可通过主页存取？网站是否需要站点地图、搜索引擎或其他的导航帮助？导航测试的一个重要方面是网站的页面结构、导航、菜单、链接的风格是否一致。应确保用户凭直觉就知道网站里面是否还有内容以及内容在什么地方。让最终用户参与导航测试，效果将更加明显。

2. 图形测试

网站的图形包括图片、动画、边框、颜色、字体、背景、按钮等。图形测试的内容包括：图形是否有明确的用途？所有页面字体的风格是否一致？背景颜色是否与字体颜色和前景颜色相搭配？图片的大小和质量是否合适？文字回绕是否正确等。

3. 内容测试

测试网站提供信息的正确性、准确性和相关性。信息的正确性是指信息是可靠的，还是误传的。信息的准确性是指是否有语法或拼写错误，这种测试通常使用一些文字处理软件来进行。信息的相关性是指是否在当前页面可以找到与当前浏览信息相关的信息列表或入口。

4. 整体界面测试

整体界面测试主要测试的是整个网站的页面结构设计给用户的整体感觉。例如，当用户浏览网站时是否感到舒适？是否凭直觉就知道要找的信息在什么地方？整个网站的设计风格是否一致？对整体界面的测试宜采用手动测试，参与人员最好有外部人员。

（三）功能测试

功能测试是网站测试中的重点，在实际的测试工作中，功能在每一个网站中具有不确定性，而我们不可能采用穷举的方法进行测试。测试工作的重心在于Web 站点的功能是否符合需求分析的各项要求。

对于网站的测试而言，每一个独立的功能模块都需要设计相应的测试用例进行测试。功能测试的主要依据为需求规格说明书及详细设计说明书。对于应用程序模块则要采用基本路径测试法的测试用例进行测试。

功能测试主要包括以下几方面的内容：页面内容测试、页面链接测试、表单测试、Cookies 测试、设计语言测试。

1. 页面内容测试

页面内容测试主要用来检测网站提供信息的正确性、准确性和相关性。

（1）正确性

信息的正确性指信息是真实可靠的还是胡乱编造的。例如，一条虚假的新闻报道可能引起不良的社会影响，甚至会让公司陷入麻烦之中，也可能引发法律问题。

（2）准确性

信息的准确性指网页文字表述是否符合语法逻辑或者是否有拼写错误。在网站开发的过程中，开发人员可能不是特别注重文字表达，有时文字的改动只是为了页面布局的美观。可怕的是，这种现象恰恰会产生严重的误解。因此测试人员需要检查页面内容的文字表达是否恰当。这种测试通常使用一些文字处理软件来进行，例如使用 Word 的“拼音与语法检查”功能。但仅仅利用软件进行自动测试是不够的，还需要人工测试文本内容。

另外，测试人员应该保证 Web 站点看起来更专业些。过分地使用粗斜体、大号字体和下划线可能会让人感到不舒服，一篇到处是大号字体的文章会降低用户的阅读兴趣。

（3）相关性

信息的相关性指能否在当前页面找到与当前浏览信息相关的信息列表或入口，也就是一般 Web 站点中所谓的“相关文章列表”。测试人员需要确定是否列出了相关内容的站点链接。如果用户无法单击这些地址，他们可能会觉得很迷惑。

页面文本测试还应该包括文字标签，它为网页上的图片提供特征描述。当用户把鼠标移动到网页的某些图片时，就会立即弹出关于图片的说明性语言。

大多数浏览器都支持文字标签的显示，借助文字标签，用户可以很容易地了解图片的语义信息。进行页面内容测试时，如果整个页面充满图片，却没有任何文字标签说明，那么会影响用户的浏览效果。

网上店面是现在非常流行的一种网站形式，这里设定一个网上小百货商店作为例子，并为其设计测试用例。

网上商店有多种商品类别供用户选择，用户选中商品后放入购物车。当选完商品，应用程序自动生成结账单，用户就可以进行网上支付、购买商品了。

2. 页面链接测试

链接是使用户可以从一个页面浏览到另一个页面的主要手段，是网站的一个主要特征，它是在页面之间切换和指导用户去一些不知道地址的页面的主要手段。页面链接测试需要验证三个方面的问题。

①用户单击链接是否可以顺利地打开所要浏览的内容，即链接是否按照指示的那样确实链接到了要链接的页面。

②所要链接的页面是否存在。实际上，好多不规范的小型站点，其内部链接都是空的，这让浏览者感觉很不舒服。

③保证网站上没有孤立的页面。所谓孤立的页面是指没有链接指向该页面，只有知道正确的 URL 地址才能访问。

链接对于网站用户而言，意味着能不能流畅地使用整个网站提供的服务，因而将链接作为一个独立的项目进行测试。另外，链接测试必须在集成测试阶段完成，也就是说，在整个网站的所有页面开发完成之后进行链接测试。

目前，链接测试采用自动检测网站链接的软件来进行，已经有许多自动测试工具可以采用。如 Xenu Link Sleuth 主要测试链接的正确性，但是对于动态生成的页面的测试会出现一些错误。

页面测试链接和界面测试中的链接不同，前者注重功能，后者更注重链接方式和位置。页面测试链接更注重是否有链接、链接的页面是不是说明的位置等。

3. 表单测试

当用户给网站管理员提交信息时，就需要使用表单操作，例如用户注册、登录、信息提交等。表单测试主要是模拟表单提交过程，检测其准确性，确保每一个字段在工作中正确。

表单测试主要考虑以下内容。

①表单提交应当模拟用户提交，验证是否完成功能，如注册信息。当用户通过表单提交信息的时候，都希望表单能正常工作。如果使用表单来进行在线注册，要确保提交按钮能正常工作，注册完成后应返回注册成功的消息。

②要测试提交操作的完整性，以校验提交给服务器的信息的正确性。例如：个人信息表中，用户填写的出生日期与职称是否恰当，填写的所属省份与所在城市是否匹配等。如果使用了默认值，还要检验默认值的正确性。如果表单只能接受指定的某些值，则也要进行测试。例如，若表单只能接受某些字符，测试时可以跳过这些字符，看系统是否会报错。

③使用表单收集配送信息时，应确保程序能够正确处理这些数据。要测试这些程序，需要验证服务器能正确保存这些数据，而且后台运行的程序能正确解释和使用这些信息。

④要验证数据的正确性和异常情况的处理能力等，注意是否符合易用性要求。

⑤在测试表单时，会涉及数据校验问题。如果根据一定规则要对用户输入进行校验，则需要保证这些校验功能正常工作。例如，省份的字段可以用一个有效列表进行校验。在这种情况下，需要验证列表完整且程序正确调用了该列表（例如在列表中添加一个测试值，确定系统能够接受这个测试值）。

⑥提交数据、处理数据等。若有固定的操作流程，则可以考虑自动化测试工具的录制功能，编写可重复使用的脚本代码，可以在测试、回归测试时运行，以便减轻测试人员的工作量。

4. Cookies 测试

Cookies 通常用来存储用户信息和用户在某个应用系统的操作，当一个用户使用 Cookies 访问了某一个网站时，Web 服务器将发送关于用户的信息，把该信息以 Cookies 的形式存储在客户端计算机上，这可用来创建动态和自定义页面或者存储登录等信息。关于 Cookies 的使用可以参考浏览器的帮助信息。如果使用 B/S 结构，Cookies 中存放的信息更多。

如果网站使用了 Cookies，测试人员需要对它们进行检测。测试的内容可包括 Cookies 是否起作用、是否按预定的时间进行保存、刷新对 Cookies 有什么影响等。如果在 Cookies 中保存了注册信息，请确认该 Cookies 能够正常工作而且对这些信息已经加密。如果使用 Cookies 来统计次数，需要验证次数累计是否正确。

5. 设计语言测试

网站设计语言版本的差异可以引起客户端或服务器端的一些严重问题，如使用哪种版本的 HTML 等。当在分布式环境中开发时，开发人员都不在一起，这个问题就显得尤为重要。除了 HTML 的版本问题外，不同的脚本语言也要进行验证。

（四）性能测试

网站的性能测试对于网站的运行而言非常重要，目前多数测试人员都很重视对网站的性能测试。

网站的性能测试主要从三个方面进行：负载测试、压力测试和连接速度测试。负载测试指的是进行一些边界数据的测试；压力测试更像是恶意测试，压力测试的倾向应该是致使整个系统崩溃；连接速度测试指的是打开网页的响应速度测试。

1. 负载测试

网站的性能测试需要验证网站能否在同一时间响应大量的用户，在用户传送大量数据的时候能否响应，网站能否长时间运行。可访问性对用户来说是极其重要的。如果用户得到“系统忙”的信息，他们可能放弃，并转向竞争对手。这样就需要进行负载测试。

负载测试是为了测量网站在某一负载级别上的性能，以保证网站在需求范围内能正常工作。负载级别可以是某个时刻同时访问网站的用户数量，也可以是在线数据处理的数量。

负载测试包括的问题有：网站能允许多少个用户同时在线；如果超过了这个数量，会出现什么现象；网站能否处理大量用户对同一个页面的请求；等等。

负载测试的作用是在网站投向市场以前，通过执行可重复的负载测试，预先分析网站可以承受的并发用户的数量极限和性能极限，以便更好地优化网站。

负载测试应该安排在网站发布以后，在实际的网络环境中进行测试。因为一个企业内部员工，特别是项目组人员总是有限的，而一个网站能同时处理的请求数量将远远超出这个限度。所以，只有放在因特网上接受负载测试，其结果才是正确可信的。

网站的负载测试一般使用自动化工具来进行。

2. 压力测试

在很多情况下，可能会有黑客试图通过发送大量数据包来攻击 Web 服务器。出于安全的原因，测试人员应该知道当系统过载时，需要采取哪些措施，而不是简单地提升系统性能。这就需要进行压力测试。

压力测试实际就是破坏一个网站，测试网站的反应。压力测试是测试网站的限制和故障恢复能力，也就是测试网站会不会崩溃，在什么情况下会崩溃。黑客常常提供错误的数据负载，通过发送大量数据包来攻击 Web 服务器，直到网站崩溃，接着当网站重新启动时获得存取权。无论是利用预先写好的工具，还是创建一个完全专用的压力系统，压力测试都是用于查找 Web 服务（或其他任何程序）问题的本质方法。

压力测试的区域包括表单、登录和其他信息传输页面等。

负载 / 压力测试应该关注的问题如下。

（1）瞬间访问高峰

例如电视台的 Web 站点，如果某个收视率极高的电视选秀节目正在直播并进行网上投票，那么最好使系统在直播的这段时间内能够响应上千万的请求。负载测试工具能够模拟多个用户同时访问测试站点的情况。

（2）每个用户传送大量数据

例如，在网上购物过程中，一个终端用户一次性购买大量的商品。或者在节日里，一个客户在网上派送大量礼物给不同的终端用户等。系统都要有足够能力处理单个用户的大量数据。

（3）长时间的使用

Web 站点提供基于 Web 的电子邮件服务具有长期性，其对应的测试就属于长期性能测试，可能需要使用自动测试工具来完成这种类型的测试，因为很难通过手工完成这些测试。你可以想象组织 100 个人同时单击某个站点，但是同时组织 10 万个人就很不现实。通常，测试工具在第二次使用的时候，它创造的效益就足以支付成本。同时，测试工具安装完成之后，再次使用的时候只要单击几下即可。

负载 / 压力测试需要利用一些辅助工具对网站进行模拟测试，例如，模拟大的客户访问量，记录页面执行效率，从而检测整个系统的处理能力。

3. 连接速度测试

连接速度测试是对打开网页的响应速度的测试。

用户连接到网站的速度根据上网方式的变化而变化，或许是电话拨号，或是宽带上网。当下载一个程序时，用户可以等较长的时间，但如果仅仅访问一个页面就不会这样。如果网站响应时间太长（例如超过 10 s），用户就会因没有耐心等待而离开。

另外，有些页面有超时的限制，如果响应速度太慢，用户可能还没来得及浏览内容，就需要重新登录了。同时，连接速度太慢还可能引起数据丢失，使用户得不到真实的页面。

第三节　安全性测试

软件安全性测试就是有关验证应用程序的安全服务和识别潜在安全性缺陷的过程。作为全方位的、整体的安全防范体系也是分层次的，不同层次反映了不同的安全问题，根据网络的应用现状和网络的结构，将安全防范体系的层次划分为物理层安全、系统层安全、网络层安全、应用层安全和管理层安全。

①物理层安全（物理环境的安全性）。该层次的安全包括通信线路的安全、物理设备的安全、机房的安全等。物理层的安全主要体现在通信线路的可靠性（线路备份、网管软件、传输介质），软硬件设备的安全性（替换设备、拆卸设备、增加设备），设备的备份，防灾害能力、防干扰能力，设备的运行环境（温度、湿度、烟尘），不间断电源保障等方面。

②系统层安全（操作系统的安全性）。该层次的安全问题主要体现在网络内使用的操作系统的安全性方面，如 Windows NT、Windows 2000 等。主要表现在三方面：一是操作系统本身的缺陷带来的不安全因素，主要包括身份认证、访问控制、系统漏洞等；二是对操作系统的安全配置问题；三是病毒对操作系统的威胁。

③网络层安全（网络的安全性）。该层次的安全问题主要体现在网络安全性方面，包括网络层身份认证、网络资源的访问控制、数据传输的保密与完整性、远程接入的安全、域名系统的安全、路由系统的安全、入侵检测的手段、网络设施防病毒等。

④应用层安全（应用的安全性）。该层次的安全问题主要体现在所采用的应用软件和数据的安全性方面，包括 Web 服务器、电子邮件服务器及 DNS 服务器等。此外，还包括病毒对系统的威胁。

⑤管理层安全（管理的安全性）。安全管理包括安全技术和设备的管理、安全管理制度、部门与人员的组织规则等。管理的制度化极大程度地影响着整个网络的安全。严格的安全管理制度，明确的部门安全职责划分，合理的人员角色配置都可以在很大程度上降低其他层次的安全漏洞。

对于上述安全层次，从软件测试的角度，只对系统层安全、网络层安全、应用层安全进行测试。

一、系统层安全测试

多数系统是以多层体系结构模式建立的。由此，几种类型的服务器一起工作，就可以提供网站所需要的功能。在这种情况下，最常用的服务器类型是 Web 服务器、应用程序服务器和数据库服务器。尽管这三种服务器类型执行完全不同的功能，但它们在一般意义上仍作为服务器，必须在操作系统和服务级别上加以保护，这意味着需要测试几个方面：文件系统权限、用户账号、Web 服务器功能、文件传输和打印服务。

要保护操作系统，重点在于正确配置操作系统的安装，以防未经授权的用户能够连接到特定的计算机上，访问文件系统上的配置或数据文件。下面是测试操作系统配置安全性的某些主要问题：不必要的用户账号；文件和目录权限，特别是关键的配置文件；网络磁盘卷，如网络文件系统（NFS）服务或 Windows 共享目录；日志文件；注册表；不必要的后台处理；口令策略。

在服务器上运行的服务和其他软件是攻击者最有可能入侵的入口点。

二、网络层安全测试

在网络中，主机之间传输的数据都是未加密的明文格式。这些数据可以很容易地被第三方截取或读取，从而危及口令或重要内容的安全性。对于电子商务来说，明文传输信息显然是不可接受的，因为它要传输私密信息、财务和其他敏感数据。通过使用安全协议，如使用安全套接字层（Secure Socket Layer，SSL），数据传输不安全问题在某种程度上得到了解决。

尽管如此，网络还是存在其他安全问题。在数据通信和数据交互过程中，对数据进行截取分析。目前最为流行的是网络数据包的捕获技术，通常称为Capture，利用该技术我们可以测试网络数据的加密效果。

Web 系统使用防火墙和路由器来限制站点网络外部的系统访问服务器，包括 IP 和端口。最基本的测试方法是利用 telnet IP PORT。

在企业单位中，代理是使用比较频繁的产品。代理是运行在应用层的防火墙，它实质是启动两个连接，一个是客户到代理，另一个是代理到目的服务器。

WinGate 是应用非常广泛的一种代理防火墙软件，内部用户可以通过一台安装有 WinGate 的主机访问外部网络，但是它也存在着安全漏洞。

黑客经常利用这些安全漏洞获得 WinGate 的非授权 Web，Socks，Telnet 的访问，从而伪装成 WinGate 主机的身份对下一个攻击目标发动攻击。因此，这种攻击非常难以被跟踪和记录。

导致 WinGate 安全漏洞的原因大多数是管理员没有根据网络的实际情况对 WinGate 代理防火墙软件进行合理的设置，只是简单地从缺省设置安装完毕后就让软件运行，这就给了攻击者可乘之机。

①非授权 Web 访问。某些 WinGate 版本（如运行在 NT 系统下的 2.ld 版本）在误配置情况下，允许外部主机完全匿名地访问网络。因此，外部攻击者就可以利用 WinGate 主机来对 Web 服务器发动各种 Web 攻击（如 CGI 的漏洞攻击等），同时由于 Web 攻击的所有报文都是从 80 号 TCP 端口穿过的，因此，很难追踪到攻击者的来源。

测试 WinGate 主机是否有这种安全漏洞的方法如下：以一个不会被过滤掉的连接连接到网络；把浏览器的代理服务器地址指向待测试的 WinGate 主机；如果浏览器能访问到网络，则 WinGate 主机存在着非授权 Web 访问漏洞。

②非授权 Socks 访问。在 WinGate 主机的缺省配置中，Socks 代理（1080 号 TCP 端口）同样存在安全漏洞。与打开的 Web 代理（80 号 TCP 端口）一样，外

部攻击者可以利用 Socks 代理访问网络。

③非授权 Telnet 访问。它是 WinGate 主机最具威胁的安全漏洞。通过连接到一个误配置的 WinGate 主机的 Telnet 服务，攻击者可以使用别人的主机隐藏自己的踪迹，随意地发动攻击。

测试 WinGate 主机是否有这种安全漏洞的方法如下：使用 Telnet 尝试连接到一台 WinGate 主机；如果接收到如上的响应文本，就输入待连接的网站；如果看到了该新系统的登录提示符，那么该服务器是脆弱的。

三、应用层安全测试

保证系统安全可靠是一项艰难的任务。由于网络最初的目的是使全世界的科学研究人员之间能够共享数据，所以具有开发的特性。从这一点上可以说，网络的很多方面都违背了网站的安全性要求。世界上任何一个地方的用户都可以匿名方式连接到网站上，尽管很多网络服务和操作系统中都包括了用于跟踪用户的审查机制，但是，有经验的攻击者还是知道怎样欺骗或者避开这些审查机制。同时，跟踪网络入侵者是一项非常复杂的任务，需要耗费大量的精力。

因为电子商务 Web 系统要处理敏感信息和私人信息，所以这类系统的安全问题更为特殊。通常，电子商务 Web 系统都有电子付费的功能，这类交易要求系统收集客户的付费信息，一般要包括信用卡和一些个人数据。多数电子商务系统将这些信息保存起来，以便在将来的交易中使用，或使用户将来的浏览更为方便。另外，商家通常会保留客户的信用卡信息，如果出现纠纷，利用这些信息便可以将付费信息与交易联系在一起。

（一）身份验证

验证用户身份的安全机制指的就是身份验证。用户可以用很多方式证明他们的身份，最常见的情况是通过用户 ID 和口令来证明。公共网络服务器上两种最常用的身份验证方法是：HTTP 基本身份验证和定制的身份验证表单。

1. HTTP 基本身份验证

这类身份验证是多数主要的浏览器提供访问控制的标准方法。多数 Web 服务器在 HTTP 层支持基本身份验证。HTTP 基本身份验证可以使用访问控制对话框来识别，如图 8-3-1 所示。当 Web 系统在 Windows 平台上使用互联网信息服务（Internet Information Server，IIS）时，用户账号和权限都与操作系统的用户数据库集成在一起。

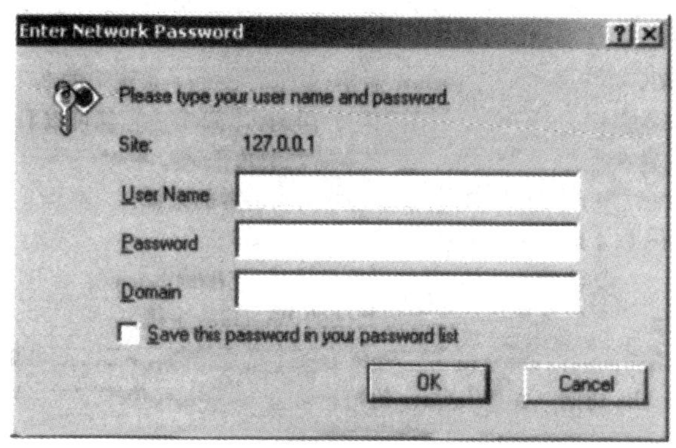

图 8-3-1　HTTP 身份验证对话框

2. 定制的身份验证表单

一些 Web 系统创建定制表单，以此从用户那里获得用户 ID 和口令。定制的身份验证表单比 HTTP 基本身份验证对话框更具吸引力，提供了专业的外观，对用户更友好。用户 ID 使用元素 <INPUT TYPE= “TEXT” >，口令则使用 <INPUT TYPE= “password” >。

评估 Web 服务器的身份验证过程正确与否，需要进行两种不同的测试。一种测试的重点是检测页面、脚本、目录的可访问性，另一种测试的重点是检测系统数据的可访问性。

（二）权限管理

权限管理主要通过系统用户授权，实现系统功能分配、数据对象分配及时间分配等来限制用户对系统的使用权限。

（三）内容攻击

多数网站依赖于动态页面（如 ASP，PHP，JSP）、CGI 脚本、可执行文件及其他形式的动态内容来为用户提供有用而又有趣的体验。遗憾的是，这些技术通常都会带来安全方面的漏洞。

这些技术经常在网站上使用，为用户提供一种将数据发送到 Web 服务器的机制，其方式是提交表单，或在 URL 中单击具有变量的链接。Web 服务器上的组件采用这些输入，执行一些有用的业务逻辑，如从目录中检索产品页面，或提供其他信息，以便用户在浏览器上显示。根据所用的技术，不怀好意的用户能操纵这些用户提供的输入，让组件执行其预料之外的功能。

（四）缓冲区溢出

缓冲区是数据可以移入和移出的存储区域。软件在运行时，代码会要求一定大小的缓冲区，然后在其中存放一些数据。程序运行时，代码的一部分请求了一块缓冲区，代码的另一部分将数据填充到这块缓冲区中，如果数据实际上大于缓冲区，就会发生系统瘫痪等严重后果。这就是缓冲区溢出问题。

一些常见的容易出现缓冲区溢出的地方包括：URL 末尾的参数；命令行的参数；文件内容；网络包；简单的用户输入；HTTP 头（内容不能多于 32 个字节）；解析器——特别是当它们查找特定字符或后字符串作为触发器时，更容易出错。

测试缓冲区溢出的一种常用的方法是长时间按着某个键。在测试过程中，数据的准备是非常重要的。虽然长时间按着某个键能产生一些效果，但无法确定输入个数，因此要灵活准备数据。在某些情况下，可能需要成千上万个字符。

第四节　面向对象测试

一、面向对象影响测试

传统的测试软件是从“小型测试”开始，逐步过渡到“大型测试”，即从单元测试开始，逐步进入集成测试，最后进行确认测试和系统测试。对于传统的软件系统来说，单元测试是集中测试最小的可编译的构件单元（模块）；单元测试结束之后，集成到系统中进行一系列的回归测试，以便发现模块接口错误和新单元加入系统中所带来的副作用；最后，把系统作为一个整体来测试，以发现软件需求中的错误。

面向对象的软件结构与传统的功能模块结构有所区别，类作为构成面向对象程序的基本元素，封装了数据及作用在数据上的操作。父类定义共享的公共特征，子类除继承父类所有特征外，还引入了新的特征。

面向对象技术具有信息隐蔽、封装、继承、多态和动态绑定等特性，提高了软件开发质量，但同时也给软件测试提出了新的问题，增加了软件测试的难度。

传统软件的测试往往关注模块的算法细节和模块接口间流动的数据，面向对象软件的类测试由封装在类中的操作和类的状态行为所驱动。下面具体分析面向对象技术对软件测试的影响。

（一）封装性影响测试

类的重要特征之一是信息隐蔽，它通过对象的封装性实现。封装将一个对象的各个部分聚集在一个逻辑单元内，对象的访问被限制在一个严格定义的接口上，信息隐蔽只让用户知道某些信息，其他信息被隐藏起来。信息隐蔽与封装性限制了对象属性对外界的可见性与外界对它的操作权限，使得类的具体实现与它的接口相分离，降低类和程序其他各部分之间的依赖，促进程序的模块化，避免外界对其不合理操作并防止错误的扩散。

信息隐蔽给测试带来了许多问题。在面向对象软件中，对象行为是被动的，在接收到相关外部信息后才被激活，进行相关操作返回结果。在工作过程中，对象的状态可能发生变化而进入新的状态。通过发送一系列信息创建和激活对象，看其是否完成预期操作并处于正确状态，但是由于信息隐蔽与封装机制，类的内部属性和状态对外界是不可见的，只能通过类自身的方法获得，这给类测试时测试用例执行是否处于预期状态的判断带来了困难，在测试时可添加一些对象的实现方式和内部状态的函数考察对象的状态变化。

（二）继承性影响测试

在面向对象程序中，继承由扩展、覆盖和特例化三种基本机制实现。其中，扩展是子类自动包含父类的特征；覆盖是子类的方法与父类的方法有相同的名字和消息参数，但其实现的方法不同；特例化是子类中特有的方法和实例变量。继承有利于代码的复用，但同时也使错误传播概率提高。继承使得测试遇到以下难题：对于未重定义的继承特征是否进行测试？对于子类中新添加和重定义的特征如何进行测试？

基于程序测试数据集的充分性公理，主要包括以下三种。

1. 反扩展性公理

反扩展性公理认为若有两个功能相同而实现不同的程序，对其中一个程序是充分的测试数据集未必对另一个也是充分的测试数据集。这一公理表明若在子类中重定义了某一继承的方法，即使两个函数完成相同的功能，对被继承方法是充分的测试数据集未必对重定义的方法是充分的。

2. 反分解性公理

反分解性公理认为一个程序进行过充分的测试，并不表示其中的成分都得到了充分的测试。因为这些独立的成分有可能被用在其他环境中，此时就需要在新环境中对这个部分重新进行测试。因此，若一个类得到了充分的测试，当其被子类继承后，继承的方法在子类的环境中的行为特征需要重新测试。

3. 反组合性公理

反组合性公理认为，一个测试数据集对于程序中各个单元都是充分的并不表示它对整个程序是充分的，因为独立部分交互时会产生在隔离状态下所不具备的新特性。这一公理表明，若对父类中某一方法进行了重新定义，仅对该方法自身或其所在的类进行重新测试是不够的，还必须测试其他有关的类（如子类和引用类）。

随着继承层次的加深，虽然可供重用的类越来越多，编程效率也越来越高，但无形中加大了测试的工作量和难度。同时，在递增式软件开发过程中，如果父类发生修改，这种变化会自动传播到所有子类，使得父类和子类都必须重新测试。因此，继承并未简化测试问题，反而使测试更加复杂。

（三）多态性影响测试

多态使得面向对象程序对外呈现出强大的处理能力，但同时却使得程序内“同一”函数的行为复杂化，多态促成了子类型替换。一方面，子类型替换使对象的状态难以确定。如果一个对象包含了 A 类型的对象变量，则 A 类型的所有子类型的对象也允许赋给该变量。在程序运行过程中，该变量可能引用不同类型的对象，其结构不断变化。另一方面，子类型替换使得向父类对象发送的消息也允许向该类的子类对象发送。如果 A 类有两个子类 B 和 C，D 类也有两个子类 E 和 F，A 类对象向 D 类对象发送消息 m，则测试 A 类对象发出的消息 m 时，需考虑所有可能的组合。

由此可见，多态性和动态绑定使得系统能自动为给定消息选择合适的实现代码，但它所带来的不确定性，使得传统测试遇到障碍，增加了测试用例的选取难度。

二、面向对象测试模型

面向对象开发分为面向对象分析、面向对象设计和面向对象编程三个阶段。首先产生整个问题空间的抽象描述，其次设计出类和类结构，最后形成代码。面向对象测试模型能有效地将分析、设计的文本或图表代码化。测试模型如图 8-4-1 所示。

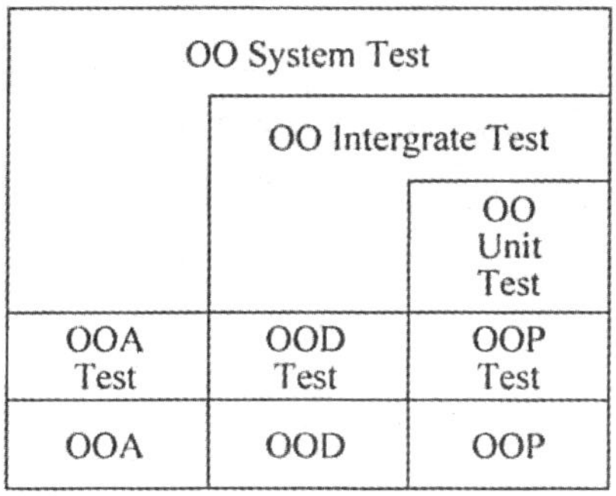

OO System Test

OO Intergrate Test

OO Unit Test

OOA Test	OOD Test	OOP Test
OOA	OOD	OOP

图 8-4-1　面向对象测试模型

其中，OOA Test 是面向对象分析测试；OOD Test 是面向对象设计测试，OOA Test 和 OOD Test 主要面向的是分析设计文档，是软件开发前期的关键性测试。

OOP Test 是面向对象编程测试，主要针对编程风格和程序代码进行测试。OO Unit Test 是面向对象单元测试，主要针对程序内部单一的功能模块进行测试，是面向对象集成测试的基础；OO Integrate Test 是面向对象集成测试，主要对系统内部的相互服务进行测试，如成员函数间的相互作用、类之间的消息传递等；OO System Test 是面向对象系统测试，主要以需求规格说明为测试标准。

三、面向对象分析测试

传统的面向过程分析是功能分解的过程，着眼点在于一个系统需要什么样的信息处理方法和过程，而 OOA 直接映射需求分析问题，将问题空间功能抽象化，用对象的结构反映实例和实例之间的复杂关系。OOA 为类的实现及类层次结构的组织和实现提供了平台。

OOA Test 分为五个方面：对象测试、结构测试、主题测试、属性和实例关联测试、服务和消息关联测试。

（一）对象测试

OOA 中认定的对象是对问题空间中实例的抽象，可从以下方面对其进行测试。

①认定的对象是否全面，问题空间中所有涉及的实例是否都反映在认定的抽象对象中。

②认定的对象是否具有多个属性。只有一个属性的对象通常应看成其他对象的属性，而不是抽象为独立的对象。

③对认定为同一对象的实例是否有共同的、区别于其他实例的共同属性。

④对认定为同一对象的实例是否提供或需要相同的服务，如果服务随着不同的实例而变化，认定的对象就需要分解或利用继承性来分类表示。

⑤系统没有必要始终保持对象代表的实例信息，提供或者得到关于它的服务，认定的对象也无必要。

⑥认定的对象的名称应该尽量准确、适用。

（二）结构测试

结构作为对象的组织方式，主要用于反映问题空间中的复杂实例和复杂关系。认定的结构分为两种：分类结构和组装结构。其中，分类结构体现了问题空间中实例的一般与特殊关系，组装结构体现了问题空间中实例整体与局部的关系。

1. 对认定的分类结构的测试

①对于结构中处于高层的对象，是否在问题空间中含有不同于下一层对象的特殊可能性，即是否能派生出下一层对象。

②对于结构中处于同一低层的对象，是否能抽象出在现实中有意义的更一般的上层对象。

③对所有认定的对象，是否能在问题空间内抽象出在现实中有意义的对象。

④高层的对象的特性是否完全体现下层的共性。

⑤低层的对象是否具有高层对象特性基础上的特殊性。

2. 对认定的组装结构的测试

①整体和部件的组装关系是否符合现实的关系。

②整体和部件是否在考虑的问题空间中有实际应用。

③整体中是否遗漏了反映在问题空间中有用的部件。

④部件是否能够在问题空间中组装新的有现实意义的整体。

（三）主题测试

主题如同文章中的内容概要，是在对象和结构基础上更高一层的抽象，它可以提供 OOA 分析结果的可见性。主题测试应该考虑以下方面。

①贯彻乔治·米勒（George Miller）的“7+2”原则，如果主题个数超过 7 个，

就要对相关密切的主题进行归并。

②主题所反映的一组对象和结构是否具有相同和相近的属性及服务。

③认定的主题是不是对象和结构更高层的抽象，是否便于理解 OOA。

④主题间的消息联系是否代表了主题所反映的对象和结构之间的所有关联。

（四）属性和实例关联测试

属性用来描述对象或结构所反映的实例特性。实例关联用于反映实例集合间的映射关系。对属性和实例关联的测试应从以下方面考虑。

①定义的属性是否对相应的对象和分类结构的每个实例都适用。

②定义的属性在现实世界是否与这种实例关系密切。

③定义的属性在问题空间是否与这种实例关系密切。

④定义的属性是否能够不依赖于其他属性被独立理解。

⑤定义的属性在分类结构中的位置是否恰当，低层对象的共有属性是否在上层对象属性体现。

⑥在问题空间中每个对象的属性是否定义完整。

⑦定义的实例关联是否符合现实。

⑧在问题空间中实例关联是否定义完整，特别需要注意一对多和多对多的实例关联。

（五）服务和消息关联测试

服务定义了每种对象和结构在问题空间所要求的行为。问题空间中实例的通信在 OOA 中相应地被定义为消息关联。对定义的服务和消息关联的测试可从以下方面进行。

①对象和结构在问题空间的不同状态是否定义了相应的服务。

②对象或结构所需要的服务是否都定义了相应的消息关联。

③定义的消息关联所指引的服务提供是否正确。

④沿着消息关联执行的线程是否合理，是否符合现实过程。

⑤定义的服务是否重复，是否定义了能够得到的服务。

四、面向对象设计测试

结构化设计方法采用面向作业的设计方法，把系统分解为一组作业。面向对象设计采用“造型的观点”，以 OOA 为基础归纳出类，建立类结构，实现分析结果对问题空间的抽象。由此可见，OOD 是 OOA 的进一步细化和抽象，其界限通常难以严格区分。OOD 确定类和类结构不仅是满足当前需求分析的要求，更重要的是通过重新组合或加以适当的补充，实现功能的重用和扩增。

因此，OOD 测试可从以下三方面考虑：

①对认定的类的测试。

②对类层次结构的测试。

③对类库支持的测试。

（一）对认定的类的测试

OOD 认定的类是 OOA 中认定的对象，是对象服务和属性的抽象。认定的类应该尽量是基础类，这样便于维护和重用。

测试认定的类有以下准则。

①是否涵盖了 OOA 中所有认定的对象。

②是否能体现 OOA 中定义的属性。

③是否能实现 OOA 中定义的服务。

④是否对应着一个含义明确的数据抽象。

⑤是否尽可能少地依赖其他类。

（二）对类层次结构的测试

OOD 的类层次结构基于 OOA 的分类结构产生，体现了父类和子类之间的一般性和特殊性。在问题空间，对类层次结构的主要要求是能在解空间构造实现全部功能的结构框架。测试包含以下方面。

①类层次结构是否涵盖了所有定义的类。

②是否能体现 OOA 中所定义的实例关联。

③是否能实现 OOA 中所定义的消息关联。

④子类是否具有父类没有的新特性。

⑤子类间的共同特性是否完全在父类中得以体现。

（三）对类库支持的测试

类库主要用于支持软件开发的重用，对类库的支持属于类层次结构的组织问题。由于类库并不直接影响软件的开发和功能实现，对类库支持的测试往往作为对高质量类层次结构的评估。其测试点如下。

①一组子类中关于某种含义相同或基本相同的操作是否有相同的接口。

②类中方法功能是否较单纯，相应的代码行是否较少，一般建议不超过30行。

③类的层次结构是否深度大、宽度小。

五、面向对象单元测试

面向对象软件测试过程以层次增量的方式进行。首先，对类方法进行测试；其次，对类进行测试；再次，将多个类集成为类簇或子系统进行集成测试；最后，进行系统测试。其中，面向对象单元测试主要针对类中的成员函数及成员函数间的交互进行测试；面向对象集成测试主要对系统内部的相互服务进行测试，如类之间的消息传递等；面向对象系统测试是基于面向对象集成测试的最后阶段的测试，主要以用户需求为测试标准。

下面介绍类的测试方法。

（一）功能性和结构性测试

类测试有两种主要的方式：功能性测试和结构性测试。功能性测试和结构性测试分别对应传统测试的黑盒测试和白盒测试。功能性测试以类的规格说明为基础，主要检查类是否符合规格说明的要求，包括类的规格说明和方法的规格说明两个层次。例如，对于 Stack 类，检查操作是否满足 LIFO 规则。结构性测试从程序出发，对方法进行测试，考虑代码是否正确，Stack 类检查代码是否执行正确且至少执行过一次。

测试类的方法指对方法调用关系进行测试。测试每个方法的所有输入情况，并对这些方法之间的接口进行测试。对类的构造函数参数及消息序列进行选择以保证其在状态集合下正常工作。因此，对类的测试分成如下两个层次：方法内测试和方法间测试。

1. 方法内测试

方法内测试考虑类中方法，等效于传统程序中单个过程的测试，传统测试技术（如逻辑覆盖测试、等价类划分测试、边界值测试和错误推测等方法）仍然作为测试类中每个方法的主要手段。与传统单元测试的最大差别在于方法内测试改变了它所在实例的状态，这就要求对隐藏的状态信息进行评估。

面向对象软件中方法的执行是通过消息驱动执行的。测试类中的方法，必须用驱动程序对被测方法通过发送消息来驱动执行。如果被测试模块或者方法调用其他模块或方法，则需要设计一个模拟被调程序功能的存根程序代替。驱动程序、存根程序及被测模块或方法组成一个独立的可执行单元。

2. 方法间测试

方法间测试考虑类中方法之间的相互作用，对方法进行综合测试。单独测试一个方法时，只考虑其本身执行的情况，而没有考虑方法的协作关系。方法间测试考虑一个方法调用本对象类中的其他方法，或其他类的方法之间的通信情况。

类的操作被封装在类中，对象之间通过发送消息启动操作，对象作为一个多入口模块，必须考虑测试方法不同次序组合的情况。当一个类中方法的数目较多时，次序的组合数目将非常多。对于操作的次序组合及动作的顺序问题，可通过在测试用例中加入激发调用信息，检查它们是否正确运行。同一类中方法之间的调用，需遍历类的所有主要状态。同时，选出最可能发现属性和操作错误的情况，重点进行测试。

（二）测试用例的设计和选择

1. 测试用例设计

传统软件测试用例设计从软件的各个模块算法出发，而面向对象软件测试用例则着眼于操作序列，以实现对类的说明。

面向对象测试用例设计的主要原则包括以下三个。

①对每个测试用例应当给予特殊的标识，并且还应当与测试的类有明确的联系。

②测试目的应当明确。

③应当为每个测试用例开发一个测试步骤列表，列表包含以下内容：

a. 列出所要测试对象的说明；

b. 列出将要作为测试结果的消息和操作；

c. 列出测试对象可能发生的例外情况；

d. 列出外部条件（为了正确对软件进行测试所必须有的外部环境的变化）；

e. 列出为帮助理解和实现测试所需要的附加信息。

2. 基于概率分布的测试用例抽样

总体是指所有可能被执行的测试用例，包括所有前置条件和所有输入值可能的组合情况。样本是基于概率分布选择的子集，子集的使用频率越高，被选中的概率越大。

例：类的实例变量取值范围为 0 ～ 359，采用相关测试方法设计测试用例。

解：（1）采用基于边界值的测试方法，取 0 值周围的 -1，0，1 三种测试和 359 附近的 358，359，400 等测试用例。（2）采用随机测试方法，使用随机数发生器“random（）”。由于每个测试用例的抽样为（0 ～ 359），则设计“int（random（）*360）”和“int（-1*random（）*360）”进行随机的抽样，每个值都在该区间内，且每个值被选中的概率相等，测试不同的值。

六、面向对象集成测试

（一）概述

传统面向过程的软件模块具有层次性，模块之间存在着控制关系。面向对象软件的功能散布在不同类中，通过消息传递提供服务。由于面向对象软件没有一个层次的控制结构，传统软件自顶向下和自底向上的组装策略意义不大，构成类的各个部件之间存在直接和非直接交互，软件的控制流无法确定，采用传统的将操作组装到类中的增值式组装常常行不通。

集成测试关注于系统的结构和类之间的相互作用，测试步骤一般分成两步，首先进行静态测试，然后进行动态测试。静态测试主要针对程序的结构进行，检测程序结构是否符合设计要求，采用逆向工程测试工具得到类的关系图和函数关系图，与面向对象设计规格说明比较检测程序结构和实现上是否有缺陷，是否符合需求设计。

动态测试一般根据功能结构图、类关系图或者实体关系图，确定不需要被重复测试的部分，通过覆盖标准减少测试工作量。覆盖标准有如下三类。

①达到类所有的服务要求或服务提供的覆盖率。

②依据类之间传递的消息，达到对所有执行线程的覆盖率。

③达到类的所有状态的覆盖率。

通过下列步骤设计测试用例。

①选定检测的类，参考 OOD 分析结果，得到类的状态和行为、类或成员函数间传递的消息、输入或输出的界定等数据。

②确定采用什么样的覆盖标准。

③利用结构关系图确定待测类的所有关联。

④根据程序中类的对象构造测试用例，确认使用什么输入激发类的状态、使用类的服务和期望产生什么行为等。

（二）面向对象交互测试

面向对象软件由若干对象组成，通过对象之间的相互协作实现既定功能。交互既包含对象和其组成对象之间的消息，还包含对象和与之相关的其他对象之间的消息，是一系列参与交互的对象协作中的消息的集合。例如，对象作为参数传递给另一对象，或者当一个对象包含另一对象的引用并将其作为这个对象状态的一部分时，对象的交互就会发生。

对象交互的方式有如下四类。

①公共操作将一个或多个类命名为正式参数的类型。

②公共操作将一个或多个类命名为返回值的类型。

③在一个类中创建另一个类的实例，并通过该实例的调用操作。

④在一个类中引用某个类的全局实例。

交互测试的重点是确保对象之间进行消息传递，当接收对象的请求，处理方法的调用时，由于可能发生多重的对象交互，因此需要考虑交互对象内部状态的影响，以及相关对象的影响。这些影响主要包括：所涉及的对象的部分属性值的变化，所涉及的对象的状态的变化，创建一个新对象和删除一个已经存在的对象而发生的变化。

交互测试具有以下四个特点。

①假定相互关联的类都已经被充分测试。

②交互测试建立在公共操作上，相比于建立在类实现的基础上要简单一些。

③采用一种公共接口方法，将交互测试限制在与之相关联的对象上。

④根据每个操作说明选择测试用例，并且这些操作说明都基于类的公共接口。

1. 交互类型

面向对象程序中的类分为原始类和非原始类。原始类是最简单的组件，其数目较少。非原始类是指在某些操作中支持或需要使用其他对象的类。根据非原始类与其他实例交互的程度，非原始类分为汇集类和协作类。下面具体介绍汇集类和协作类。

（1）汇集类

汇集类是指有些类的说明中使用对象，但是实际上从不和这些对象进行协作。编译器和开发环境的类库通常包含汇集类。例如，C++ 的模板库、列表、堆栈、队列和映射等管理对象。汇集类一般具有以下行为。

①存放这些对象的引用。

②创建这些对象的实例。

③删除这些对象的实例。

（2）协作类

凡不是汇集类的非原始类就是协作类。协作类指在一个或多个操作中使用其他的对象并将其作为实现中不可缺少的一部分。协作类测试的复杂性远远高于汇集类的测试，协作类测试必须在参与交互的类的环境中进行，需要创建对象之间交互的环境。

2. 交互测试

系统交互既发生在类内方法之间，也发生在多个类之间。类 A 与类 B 交互如下所述。

①类 B 的实例变量作为参数传给类 A 的某方法，类 B 的改变必然导致对类 A 的方法的回归测试。

②类 A 的实例作为类 B 的一部分，类 B 对类 A 中变量的引用需进行回归测试。

交互测试的粒度与缺陷的定位密切相关，粒度越小越容易出现定位缺陷。但是，粒度小使得测试用例数和测试执行开销增加。因此，交互测试权衡于资源制约和测试粒度之间，应正确地选择交互测试的粒度。

被测交互聚合块大小的选择，需要考虑以下三个因素。

①区分那些与被测对象有组成关系的对象和那些仅仅与被测对象有关联的对象。在类测试期间，测试组合对象与其组成属性之间的交互。集成测试时，测试对象之间的交互。

②交互测试期间所创建的聚合块与缺陷的能见度紧密相关，若“块”太大，会有不正确的中间结果。

③对象关系越复杂，一轮测试之前被集成的对象应该越少。

七、面向对象系统测试

单元测试和集成测试仅能保证软件开发的功能得以实现，不能确认在实际运行时是否满足用户的需要，因此，必须对软件进行规范的系统测试。确认测试和系统测试不关心类之间连接的细节，仅着眼于用户的需求，测试软件在实际投入使用中与系统其他部分配套运行的情况，保证系统各部分在协调工作的环境下能正常工作。

系统测试参照面向对象分析模型，测试组件序列中的对象、属性和服务。组件是由若干类构建的，首先实施接受测试。接受测试将组件放在应用环境中，检查类的说明，采用极值甚至不正确数值进行测试。其次，组件的后续测试应顺着主类的线索进行。

参考文献

［1］丁志勇．基于工作室的软件测试卓越人才培养模式研究［J］．电脑知识与技术，2021，17（8）：102-104.

［2］张天．嵌入式软件测试的数据获取技术［J］．中国高新科技，2021（5）：77.

［3］钱杨．对计算机软件测试技术的几点探讨［J］．电子测试，2021（3）：91-92.

［4］童伟．软件测试在信息工程建设中的运用分析［J］．信息记录材料，2021，22（02）：106-107.

［5］刘婷．软件测试课程教学建设初探［J］．信息与电脑（理论版），2021（2）：244-246.

［6］许弋慧．嵌入式计算机软件测试关键技术研究［J］．电脑编程技巧与维护，2021（1）：43-44.

［7］李菊，张丽．基于工作过程的软件测试技术教学的改革［J］．电脑知识与技术，2021，17（2）：125-126.

［8］陈琦．分布式协同软件测试平台研究［J］．电子技术与软件工程，2021（1）：30-31.

［9］卜晔．软件测试策略和测试方法的应用分析［J］．科技风，2020（36）：105-106.

［10］王秀艳．软件测试过程管理系统的设计与实现［J］．电子技术与软件工程，2020（24）：46-47.

［11］赵东明，张林晓，张文华．人工智能背景下软件测试技术应用研究［J］．信息与电脑（理论版），2020，32（23）：132-133.

［12］王珊．关于软件测试的几点思考［J］．农家参谋，2020（21）：148.

［13］郑霖娟，林昆．基于岗位核心能力的“软件测试技术”课程设计与实践［J］．软件，2020，41（10）：286-288.

[14] 吴鸿韬，翟艳东，李智，等 . 新工科背景下的软件测试课程教学改革［J］. 计算机教育，2020（10）：130-133.

[15] 张艳，杨丽娟，车冬娟 . 以实践能力为目标的“软件测试”课程教学［J］. 科技创新导报，2020，17（16）：203-205.

[16] 邓佳 . 软件测试技术与发展趋势浅析［J］. 数字通信世界，2020（2）：136.

[17] 张宝斌 . 论软件测试工程师的职业发展以及前景分析［J］. 科技风，2020（1）：67.

[18] 邬卓恒 . 基于建构主义教学在软件测试中的应用研究［J］. 电脑知识与技术，2019，15（35）：144-145.

[19] 孔春丽，王应邦 . 关于大数据背景下软件测试技术的研究［J］. 信息与电脑（理论版），2019（12）：19-20.

[20] 王永康，张梦飞，张学钊 . 软件测试在 Web 开发中的应用［J］. 中外企业家，2019（8）：57.

[21] 李东吉，刘家豪，李宇哲 . 软件测试发展创新问题探究［J］. 科学技术创新，2018（29）：84-85.

[22] 李军锋，顾滨兵，李海浩 . 软件测试质量评价方法［J］. 计算机与现代化，2018（9）：38-41.

[23] 唐佳丽 . 面向对象软件测试性度量及应用研究［D］. 石家庄：河北师范大学，2021.

[24] 季元颐 .H 公司软件测试与维护协同管理应用研究［D］. 上海：东华大学，2021.

[25] 张凌云 . 面向发动机的软件测试管理系统设计与实现［D］. 北京：北京邮电大学，2020.

[26] 岳倩 . 基于 AHP 模糊综合评价法的软件测试项目绩效评价研究［D］. 北京：北京邮电大学，2020.

[27] 张芷祎 . 蜕变测试驱动的机器学习软件测试技术研究［D］. 武汉：武汉大学，2020.

[28] 周志军 . 基于敏捷开发模式的 S 公司软件测试管理研究［D］. 北京：北京化工大学，2019.

[29] 蔡东华 . 军用软件测试过程管理工具的设计与实现［D］. 南京：东南大学，2019.